SPHINX

Das Buch

Arcosanti bringt uns zu Bewußtsein, daß die Menschheit sich im Übergang zu einer mehrheitlich städtischen Form der globalen Lebensweise befindet, und daß die kreativen Denkweisen, die zu dieser Lebensweise notwendig sind, in der Städteplanung kaum sichtbar werden. Bereits anfangs der siebziger Jahre erregte Paolo Soleri Aufsehen mit seinen Thesen einer radikalen Alternative zur modernen Städteplanung. Gleichzeitig begann er mit Unterstützung von Freunden und Studenten den Aufbau der von ihm konzipierten Modellstadt Arcosanti im Herzen Arizonas. Die noch unvollendete «Stadt» dient unterdessen als Begegnungsstätte für Architekten, Ökologen, Philosophen und Umweltplaner aus aller Welt und stellt in dieser Form ein «urbanes Laboratorium» für aktuelle Fragen der Lebensbedingungen in städtischen Agglomerationen dar. Aus diesem Kontext heraus entstand die vorliegende Sammlung von Themen. Soleri befaßt sich in klaren, kurzen und prägnanten Kommentaren mit Ökologie, Städteplanung, Mythen aus Vergangenheit und Zukunft, mit der Gesellschaft und mit Evolution. Zu jedem Kommentar ist eine Skizze Soleris zu Arcosanti abgebildet – visionäre Gedanken eines brillanten Architekten und Künstlers.

Der Autor

Paolo Soleri wurde 1919 in Turin geboren, wo er 1946 am Politechnikum in Architektur promovierte. Anschließend studierte er in den Vereinigten Staaten und kehrte 1950 für fünf Jahre nach Italien zurück. 1956 übersiedelte er nach den USA und ließ sich in Phoenix, Arizona, nieder. Nach Gründung der Cosanti Foundation im Jahre 1962 begann er 1970 mit dem Bau der Modellstadt Arcosanti, an der bis heute tausende von Studenten mitgearbeitet haben und die kurz vor der Vollendung steht.

Paolo Soleri

ARCOSANTI

LABOR FÜR ÖKO-URBANITÄT

SPHINX

Aus dem Amerikanischen von
Christiane und Peter Henningsen

CIP-Titelaufnahme der Deutschen Bibliothek
Soleri, Paolo:
Arcosanti: Labor für Öko-Urbanität / Paolo Soleri.
(Aus d. Amerikan. von Christiane u. Peter Henningsen). –
Basel: Sphinx Medien Verlag, 1988
(Sphinx Pocket; 43)
Einheitssacht.: Arcosanti ‹dt.›
ISBN 3-85914-343-3
NE: GT

1988

Originaltitel: Arcosanti
Erschienen bei: Avant Books, San Diego
Gestaltung: Charles Huguenin
Satz: Atelier Alinea, Basel
Herstellung: Clausen & Bosse, Leck
Printed in Germany
ISBN 3-85914-343-3
Bestellnummer 15 00343

Die Großzügigkeit und unermüdliche Unterstützung durch Herrn und Frau McAshan von der McAshan Foundation in Houston, Texas, hat die Abfassung dieser Texte bedeutend erleichtert.

Eine kleine Philosophie
des gelingenden menschl. Zus. lebens

INHALT

EINFÜHRUNG

PAOLO SOLERI

Wir sind oft Opfer unserer eigenen, falschen Auffassungen und neigen deshalb dazu, andere Menschen zu Opfern zu machen. Häufig werden wir in die Irre geführt durch unser unzureichendes Wissen – ich halte es deshalb für angebracht, eine Reihe von Themen in ihrem Zusammenhang mit Arcosanti zu diskutieren. Dies könnte dazu beitragen, objektive Elemente innerhalb der Aktivitäten des Projektes zu definieren und zu erklären, weshalb der Begriff «Labor für Öko-Urbanität» mehr als ein Schlagwort ist. Die Themen werden nicht im Detail, sondern synoptisch abgehandelt, was den Vorteil der Kürze hat. Die Darstellungen können auch als Einstieg in ausführlichere Abhandlungen dienen, die ich auf Verlangen gern zur Verfügung stelle. Die folgenden Ausführungen wenden sich sowohl an eine allgemeine Öffentlichkeit als auch an diejenigen, die Arcosanti für ein ganz normales Bauprojekt halten.

Manchmal begebe ich mich ganz gern ins Wolkenkuckucksheim, ins Reich duftender Blumen und ungetrübten Glücks, stelle dann aber immer wieder fest, daß dort ein verworrenes Denken herrscht, dem der Kontakt mit der Wirklichkeit abhanden gekommen ist. Da oben ist einfach nichts zu holen. Es hat keinen Sinn, dort nach Geist zu suchen, wo die Materie verachtet wird. Anders ausgedrückt: Ich setze auf Metamorphose. Ich kann mich deshalb weder für Dualismus noch für Apokalypse begeistern, und ich finde keinen Geschmack daran, «weniger aus mehr» zu machen. Im Gegenteil: um zu verhindern, daß Kreativität und Evolution zu einer grausamen Farce werden, setze ich mich dafür ein, «mehr aus weniger» zu machen. Damit ist die Nachkommenschaft umfassender als die Vorfahrenschaft, und nicht umgekehrt; die Schöpfung schreitet fort mit der Zeit.

Meine Abneigung dagegen, miteinander in Beziehung stehende Faktoren getrennt abzuhandeln, führt zwangsläufig zu einigen Wiederholungen in meinen Ausführungen. – So viele Dinge hängen zusammen mit so vielen anderen Dingen! – Wie dem auch sei, hier sind einige Ideen, mit denen Arcosanti gegenwärtig arbeitet, und einige andere, mit denen wir gerne arbeiten würden.

ARCOSANTI

Arcosanti, Oktober 1983

Foto: Cosanti Foundation

Modell der «Kritischen Masse» von Arcosanti

Foto: Tamiaki Tamura

KOMMENTAR ZU ARCOSANTI: LABOR FÜR ÖKO-URBANITÄT

Die meisten Menschen haben inzwischen begriffen, daß unsere Zivilisation auf eine Katastrophe zusteuert und daß radikale Veränderungen notwendig sind. Einige Menschen haben begriffen, daß die moderne städtische Lebensweise ein ganz wesentlicher Teil des Problems ist. Einige wenige erkennen, daß die Art, wie unsere Städte gebaut sind, entscheidend zu diesem Problem beiträgt. Aber kaum jemand schlägt gangbare Alternativen vor.

Die große Ausnahme ist Paolo Soleri. Er hat intensiv darüber nachgedacht, was mit unserer Zivilisation nicht in Ordnung ist, was sie in den Zusammenbruch treibt. Soleri hat Vorstellungen zur Neuordnung des städtischen Lebens entwickelt, deren Verwirklichung nicht nur unsere Zukunft sicherstellte, sondern es sogar wahrscheinlich machen würde, daß diese Zukunft zu einer Erfüllung des menschlichen Abenteuers führte. Eine visionäre Tat ersten Ranges.

Soleri hat sich nicht darauf beschränkt zu denken, zu zeichnen und zu argumentieren. Zusammen mit einigen wenigen Schülern hat er viel Zeit und Energie darauf verwendet, seine Vision in die Wirklichkeit umzusetzen. Dies in einer Welt von Menschen, die glotzen und gaffen, aber nicht das geringste Verständnis aufbringen, von Ermutigung und Unterstützung ganz zu schweigen. Wäre Soleri von seinen Mitmenschen verstanden worden, könnte die erste Arcologie-Generation schon lange bestehen – so aber wird die Vision einer technisch fortgeschrittenen Zukunft mit Hacke und Schaufel verwirklicht.

Dennoch, Soleri läßt sich nicht entmutigen. Er weiß, daß die Welt sich wohl oder übel zu den gleichen Prinzipien wird bekehren müssen, nach denen er jetzt schon lebt... und so schreibt und zeichnet er unverdrossen weiter, hält Vorträge, entwickelt Pläne, baut – vor allem aber denkt er nach.

Nur wenige werden seinen Überlegungen in allen Einzelheiten zustimmen. Wer sie aber versteht, wird anerkennen müssen, daß er uns weit voraus ist, indem er seine Handlungen an einer zukünftigen Welt orientiert, wie wir sie uns nur erhoffen können.

Durch dieses Buch wird uns Soleris Theorie und Praxis in nie gekanntem Maße zugänglich gemacht. Lies, meditiere und vernimm den Ruf, teilzunehmen am Aufbau einer Stadt der Hoffnung.

John Cobb,
Professor am Theologischen Seminar in Claremont

63 THEMEN

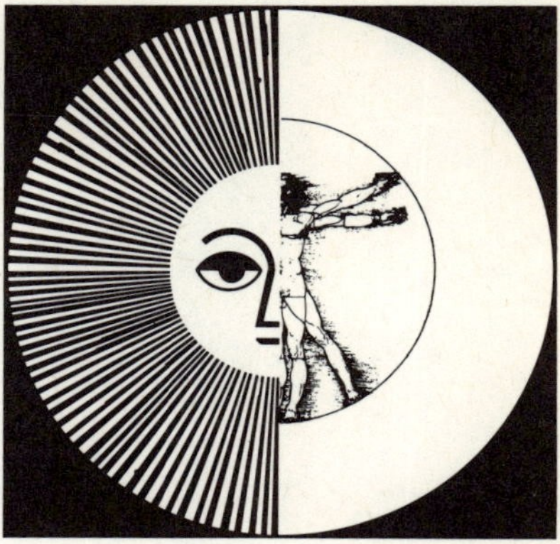

1

DER IMPERATIV KOMPLEXITÄT-MINIATURISIERUNG-DAUER

Vom Bakterium bis Gott lassen sich drei Eigenschaften feststellen:

KOMPLEXITÄT: Laufen irgendwo Lebensprozesse ab, häufen sich dort Ereignisse und Vorgänge. Diese Prozesse sind von unendlicher, sich ständig steigernder Komplexität.

MINIATURISIERUNG: Es liegt im Wesen der Komplexität, daß sämtliche Ressourcen optimal genutzt werden müssen, insbesondere Masse-Energie und Raum-Zeit. Miniaturisierung ist deshalb bei komplexen Prozessen unumgänglich.

DAUER: Jeder Prozeß erstreckt sich in der Zeit. Zeitliche Ausdehnung aber wird vom Lebendigen in fortdauernde Vorgänge verwandelt. Eine mögliche Auflösung solcher «lebender Zeit» besteht in der Verwandlung von Zeit in reine Dauer, letztlich also in einem *Leben außerhalb der Zeit.*

Eine Gemeinschaft, die zu einem «lebenden Organismus» werden soll, wird dieses Ziel erreichen, wenn sie in Übereinstimmung mit dem Komplexität-Miniaturisierung-Dauer-Paradigma ist. Obwohl das Paradigma allgemein umfassend ist, ist es doch auch eine mächtige und deutliche Richtschnur, der jeder Lebensprozeß folgen muß. In Arcosanti versuchen wir, uns solcher Regeln bewußt zu sein und unsere Handlungen an ihnen auszurichten. Die Natur und alles Lebendige besteht aus der Befolgung dieser Regeln. Wie die folgenden Darlegungen zeigen, ergeben sich daraus viele Vorteile.

2

FREIWILLIGE BESCHRÄNKUNG DES LEBENSRAUMES

In der freien Natur scheinen es besonders die weniger hoch entwickelten Organismen zu sein, die sich unbegrenzt ausbreiten. Das Korallenriff ist ein Beispiel dafür. Höher organisierte (komplexere) Spezies haben sich für *optimale* Dimensionen entschieden (z.B. Bienen, Wespen, Termiten, Ameisen). Ihre gemeinschaftliche Lebensweise erfordert einen angemessenen Maßstab und Beschränkung (optimale Funktionsweise des Lebensraumes). Wie verhält es sich nun mit der komplexesten aller Formen des Gemeinschaftslebens, der Stadt? Wie sieht die menschliche Dimension von Kultur und Geist aus? Selbstbeschränkung oder Diaspora?

Von seinen Absichten und seinem Design her ist das Projekt ganz auf die traditionelle Vorstellung eines begrenzten Lebensraumes ausgerichtet, im Gegensatz zur modernen Idee der Diaspora (oder Streusiedlung), bei der das Auto die Hauptrolle spielt. Zu beachten ist dabei auch das Paradigma von Komplexität-Miniaturisierung-Dauer, das verbindlich ist für jeden Organismus, also für Leben und Bewußtsein. Aus diesem Paradigma leitet sich auch die Notwendigkeit der Selbstbeschränkung ab. Ein wesentliches Kennzeichen von Organismen ist ihre Komplexität, welche es ohne Miniaturisierung nicht geben kann. Leben besteht genau da, wo Komplexität und Miniaturisierung im Pulsschlag der Dauer zur Wirkung kommen.

3
STADT UND LAND

Auf einem Planeten, der die Stadt ablehnt, ist echter Naturschutz unmöglich, andererseits kann die Stadt nur in einer einigermaßen intakten Umwelt existieren. Die Gesundheit unserer ökologischen Systeme ist davon abhängig, daß es Zentren gibt, in denen das Leben so intensiv abläuft, daß die Masse der planetaren Bevölkerung innerhalb ihrer Grenzen verbleibt. Umgekehrt gilt das gleiche: Wenn die Stadt nicht mehr vom Lande aus versorgt wird, muß sie untergehen.

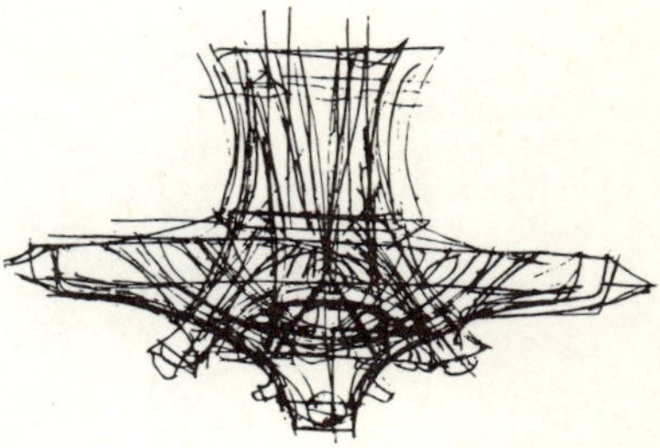

Der urbane Effekt ist eine Folge ökologisch evolutionären «Wohlbefindens» – darüber hinaus ist er ein Mittel, durch das dieses Wohlbefinden weiter gefördert werden kann. Ein ökologischer Zusammenbruch hätte den Hungertod der Stadt zur Folge, ökologische Nemesis würde bedeuten, daß die Stadt in einer häßlichen, grenzenlosen Vorstadt untergeht. Es ist deshalb nur natürlich, daß Arcosanti den urbanen Effekt bekräftigt und ihn innerhalb der unerläßlichen Leitlinien von Komplexität-Miniaturisierung-Dauer zur Blüte bringt.

4

EFFEKTIVE NUTZUNG VON RESSOURCEN

Die wichtigsten Ressourcen sind: Sozio-kultureller Zusammenhang, Geist, Körper, Tier- und Pflanzenreich, Raum-Zeit, Land, Wasser, Mineralien, Brennstoffe, Artefakte. Es gibt vielfältige Hinweise darauf, daß ungehemmtes Sichausbreiten in jedem dieser Bereiche ineffektiv, wenn nicht sogar schädlich ist. Das rasche Wachstum der menschlichen Bevölkerung verschärft die Situation in bedenklichem Maße.

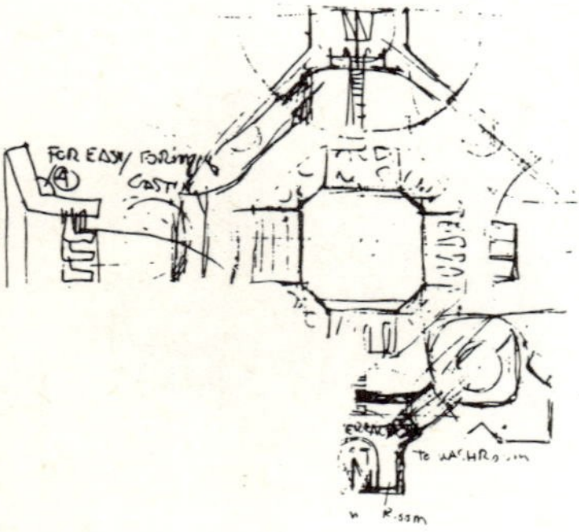

Beim Entwurf der Struktur von Arcosanti ist bedacht worden, daß Diaspora Verschwendung mit sich bringt. Im Gegensatz zur landläufigen Meinung ist solche Verschwendung eine unausweichliche Folge des alle menschlichen Maßstäbe sprengenden Sichausbreitens der Vorstädte, das verbunden ist mit logistischen Widersprüchen und den endlosen, negativen Folgen der gegenseitigen Absonderung. Bei genauer Betrachtung zeigt sich ein unmittelbarer Zusammenhang zwischen effektiver und sparsamer Nutzung von Masse-Energie und Raum-Zeit.

5

GRENZERTRAGSLAGEN UND SELBSTVERSORGUNG

Unsere auf Massenkonsum eingestellte Gesellschaft bezeichnet einen großen Teil des Landes als Grenzertragslagen. Solches Land liegt weitab von den Hauptverkehrsadern, ist arm an Ressourcen und nur mit großem Aufwand zu nutzen. Aber meistens ist es schön, und manchmal inspirierend. Diese Ländereien bilden Reserven, auf denen zukünftige Kulturen zur Blüte gelangen könnten, während die fruchtbaren Ebenen dem dringend notwendigen Ackerbau vorbehalten bleiben würden.

Das Projekt ist in einer Grenzertragslage angesiedelt. Es geht uns nicht nur darum, die Lebensfähigkeit (Selbstversorgung) einer Gemeinschaft auf solchem Land zu demonstrieren, sondern auch darum, uns durch die Schönheit der Umgebung inspirieren zu lassen. Das hat es schon oft gegeben und die sogenannten Wiegen der Zivilisation schienen eine Vorliebe für solche Randlagen zu haben.

6

TROCKENES LAND UND LEBENSRAUM

Leben ist ein nasses Phänomen. Jede lebende Zelle ist ein winziges, von Ereignissen wimmelndes Meer. Dennoch lebt beinahe ein Drittel der Menschen in Trockenzonen. Die Aufgabe, wie wir überleben und uns entwickeln können, wird in vielen Erdteilen durch die Ausbreitung der Trockengebiete noch erschwert. Die Frage ist eine morphologische und planetare, und sie berührt Gebiete wie Ökonomie, Politik, Ethik, Philosophie und Religion, ganz zu schweigen von Naturwissenschaft, Medizin und Technologie. Es besteht zurzeit eine echte Chance zur Entwicklung einer «Trockengebiets-Kultur» – wie könnte sie aussehen?

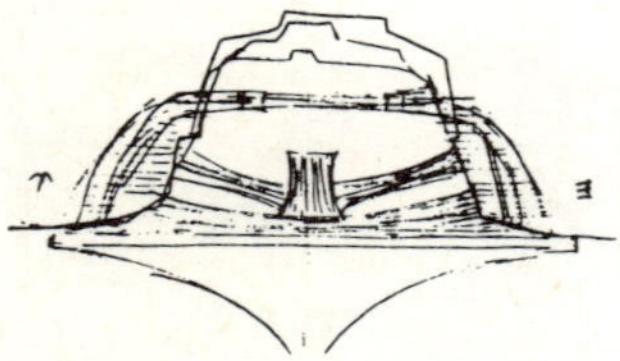

Das Projekt wird in einer Grenzertragslage einer trockenen Klimazone verwirklicht. Die Feuchtigkeit, Voraussetzung des Lebens, wird also mit einer trockenen Umgebung konfrontiert. Wasser wird eine entscheidende Ressource. Wasser wird daher nicht verbraucht, sondern genutzt, wobei wir planen, es auf dreierlei Arten zu nutzen: im Haus, für ästhetische Zwecke und für die Landwirtschaft. Allgemein gesagt, es wird wichtig sein herauszufinden, wieviel wir in einem Trockengebiet bei minimalem Gebrauch von Megatechnologien (z.B. Klimaanlagen) erreichen können.

7

HUNGER UND DER URBANE EFFEKT

Es ist unsinnig, Hunger auf eine einzige Ursache zurückführen zu wollen – ebenso unsinnig aber ist es zu glauben, daß wir den Hunger besiegen können, wenn wir die Erde immer weiter mit Vorstädten zubauen, die einen enormen Bedarf an Häusern, Ausrüstung, Maschinen und Energie haben, um ihren Bewohnern ein Leben in Wohlstand zu ermöglichen. Die Ausbreitung der Vorstädte ist ein Aspekt der Gier und der sozialen Gleichgültigkeit, die zu den Wurzeln des Hungerproblems gehören. Eine beinahe religiöse Hochachtung für gute Böden und eine bessere landwirtschaftliche Nutzung der Grenzertragslagen könnten dazu beitragen, den Hunger zu stillen und mehr Unmittelbarkeit in die ganze Nahrungs-Gerechtigkeits-Frage zu bringen.

Das Projekt liegt in dreifacher Hinsicht richtig:

1. Es wirkt der Ausbreitung der Vorstädte entgegen, indem es sich für die freiwillige Beschränkung des Lebensraumes einsetzt und einen intensiven urbanen Effekt erzeugt;

2. Es legt seinen Bewohnern eine genügsame Lebensweise nahe, was auf einem endlichen Planeten einen effektiveren und gerechteren Weg in die Zukunft darstellt;

3. Es wird in einer Grenzertragslage verwirklicht, und es besteht die Absicht, das niedrige landwirtschaftliche Potential so weit auszunutzen, daß die Bedürfnisse der Bewohner teilweise gedeckt werden und daß diese in Kontakt bleiben mit einer der grundlegenden Voraussetzungen unserer Existenz, der Nahrungskette.

8

NAHRUNG FÜR DEN KÖRPER, NAHRUNG FÜR DEN GEIST

Die Trennung von Geist und Körper hängt irgendwie zusammen mit der Trennung, die wir zwischen Herstellung und Verbrauch von Nahrungsmitteln vollziehen. Mit viel Aufwand versuchen wir sicherzustellen, daß unserer Nahrung ihre Herkunft nicht anzumerken ist. Selbst aus aromatischem Käse und saftigen Orangen machen wir noch Abstraktionen. Daraus ergeben sich Schäden körperlicher und geistiger Art. Unmittelbarkeit, die bewußte Zurückhaltung gegenüber Verarbeitungsprozessen – das ist eine nützliche Tugend.

Obwohl Arcosanti in einer Gegend gebaut wird, in der kommerzielle Landwirtschaft sich nicht lohnt, werden wir doch landwirtschaftlich aktiv sein und so das Wunder der Fleischwerdung, der Vergeistigung des Mineralischen sichtbar werden lassen. Unserem körperlichen und geistigen Bedürfnis nach Nahrung wird durch ausgedehnte Gewächshäuser die Dimension der Unmittelbarkeit verliehen, da diese Bedürfnisse mit den städtischen Lebensbedingungen in enge Verbindung gebracht werden.

9

NUTZUNG ÖRTLICHER RESSOURCEN IN GRENZERTRAGSLAGEN

Viele große Zivilisationen mußten sich mit Ökosystemen auseinandersetzen, die ihre Entfaltungsmöglichkeiten einschränkten. Sie hatten Erfolg, indem sie das beste aus dem machten, was sie aus ihrer Umwelt bekommen konnten. Die menschliche Erfindungskraft ist darin geübt, aus der Not eine Tugend zu machen, andernfalls verliert sie jedes vernünftige Maß und löst eine Katastrophe aus. Wie oben schon erwähnt, sind die in Grenzertragslagen oft so reichlich vorhandenen ästhetischen Ressourcen von entscheidender Bedeutung.

Außer dem Land selber, seiner geologischen Struktur und dem dort vorhandenen Wasser sind die folgenden Ressourcen für das Projekt wichtig: die Sonne, das Klima und die Verbindung zu den Nachbargemeinden. Weiterhin ist geplant, den örtlichen Basaltstein in möglichst umfassender Weise zu nutzen, und zwar sowohl das Felsgestein als auch den durch Erosion daraus entstehenden Sand und Schlamm (der bei Überschwemmungen abgelagert wird). Wir planen Workshops für Steinmetz-, Maurer- und Pflasterarbeiten sowie für Bildhauerei und Modellieren mit Schlamm.

10

DAS RECYCLING-TEMPO UND SEINE PLANETARE OPTIMIERUNG

Man kann unseren Planeten als einen halb-autonomen Organismus betrachten, der seine Teile laufend transformiert und seinen Zustand ständig neu definiert. Die daran beteiligten Stoffkreisläufe sind von Umfang und Dauer her verschieden. Die Fixierung von Elementen wie Kalzium durch lebende Organismen dauert beispielsweise Äonen. Für einen *Anti-Kalzium-Ablagerungs-Geist* wäre ein solcher Prozeß eine endlose, unerträgliche Umweltverschmutzung. Die Erzeugung von freiem Sauerstoff bedeutete für alle damals auf der Erde lebenden Wesen einen langsamen Vergiftungsprozeß. Manchmal mag es uns so vorkommen, daß unsere Begeisterung für Recycling eine Abkürzung von Prozessen bewirkt, die *Mutter Natur* auf ihre Weise einfacher und effektiver ablaufen lassen könnte.

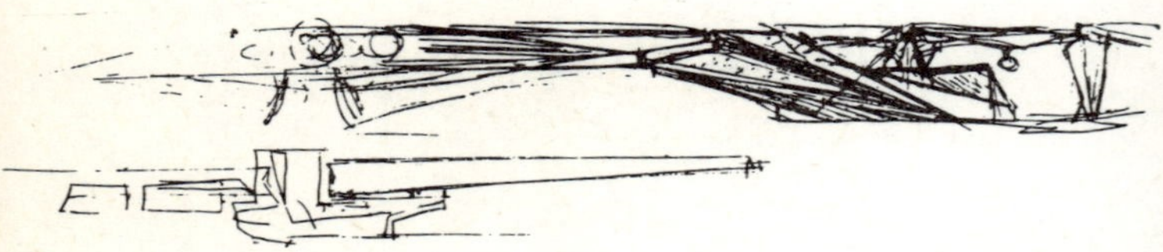

Da wir uns darauf festgelegt haben, alles, vom Hausmüll bis zum Wasser, wiederzuverwerten, werden wir ständig mit Fragen nach Größe, Zeit, Raum, Kosten, Mechanik, Chemie und Ästhetik unserer Recycling-Prozesse beschäftigt sein. Diese Prozesse werden dazu führen, daß die gesamte Landschaft in der unmittelbaren Umgebung von Arcosanti verändert wird. Doch ein komplexer, miniaturisierter und freiwillig in seinem Umfang beschränkter Lebensraum ist der beste Ort für effizientere und billigere Programme der Abfallbeseitigung und des Recyclings. Natürlich ist auch in diesem Falle Genügsamkeit die effektivste und kostengünstigste Lösung.

11

EXODUS DER BEVÖLKERUNG IN DIE MEGASTÄDTE

Dies ist eines der bedrohlichsten Probleme in Hinsicht auf Bevölkerung, Ressourcen, Kultur und ökologische Kohärenz, und überzeugende Lösungen sind nicht abzusehen. Wie können wir den Zauber der großen Stadt durch den Zauber des Dorfes oder der Kleinstadt ausgleichen? Ökonomische Anreize sind weder eine ausreichende noch eine angemessene Lösung für das Problem der Dezentralisierung. Eine Kultur ist mehr als nur ein Nebenprodukt wirtschaftlicher Leistungsfähigkeit.

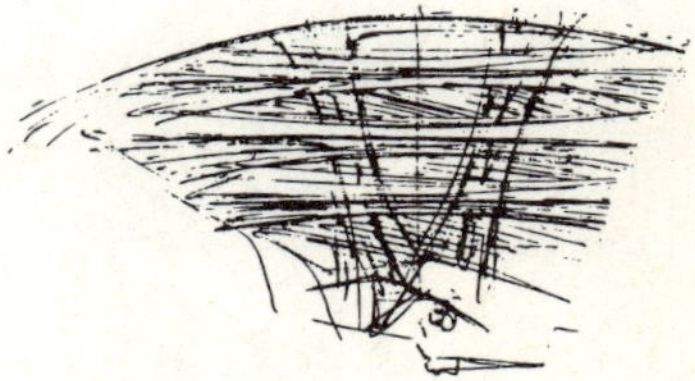

Das Projekt ist 104 Kilometer von Phoenix, 58 Kilometer von Prescott und 129 Kilometer von Flagstaff entfernt angesiedelt. Es wird Erfolg als «Bevölkerungs-Erhalter» haben, wenn es seinen eigenen Zauber entwickelt. Es bedarf keiner weiteren Erwähnung, daß dieser Zauber in dem intensiven, lebendigen «urbanen Effekt» liegt, den wir in Arcosanti zu erzeugen hoffen.

12

VÖLKERWANDERUNG – DIE NORM DER ZUKUNFT

Die menschliche Gattung ist unterwegs. Wenn diese Bewegung auch noch Asien und Afrika ergreift, werden Millionen von Menschen an allen möglichen Orten nach Unterkunft und Dienstleistungen verlangen, selbst wenn man Zwangsumsiedlungen (aus politischen, ökonomischen, kulturellen und rassistischen Gründen) einmal ausklammert. Dies ist ein Vorspiel zum Aufbruch ins All, und all die Leute werden wohl kaum in Hilton Hotels unterkommen.

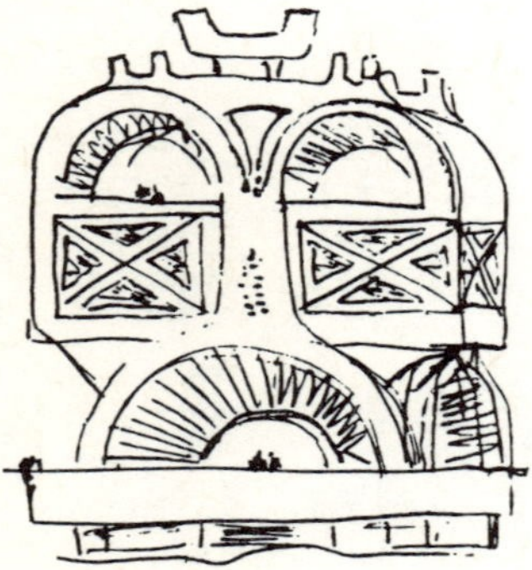

Innerhalb des Projektes gibt es Prototypen von Elementen, die integriert werden können in Strukturen zur Behausung und Versorgung von Menschengruppen beliebiger Größe. Die dritte Arcologie-Generation ist die Studie eines solchen komplexen Vorhabens, die auch darauf abzielt, es in ein Lerninstrument zu verwandeln.

13

ZUSAMMENBALLUNG VERSUS AUSBREITUNG DER BEVÖLKERUNG

Dreieinhalb Äonen des Lebens haben gezeigt, daß Zusammenballungen nützlich, ja sogar notwendig sind. Jeder Organismus ist eine zusammengeballte, abgegrenzte, miniaturisierte Wirklichkeit für sich. Organismen, Gesellschaften und Kulturen, die sich von dieser Norm lossagen, sind seltsame, paradoxe und ineffektive Ausnahmen. Eine derartige Ausnahme ist die Ausbreitung der Menschen über das Land, die wir jetzt im Automobil-Zeitalter erleben, und die im Gegensatz steht zu dem in dreieinhalb Äonen der Zusammenballung entwickelten *urbanen Effekt.* Unsere Streusiedlungen sind pathologisch. Sie leiden an Gigantismus und allen sich daraus ergebenden Behinderungen und Unzulänglichkeiten: Zerstörung und Verschmutzung der Umwelt, Verschwendung von Ressourcen, Energie und Zeit, teure Logistik, Verfall der Innerstädte und Absonderung der Menschen voneinander.

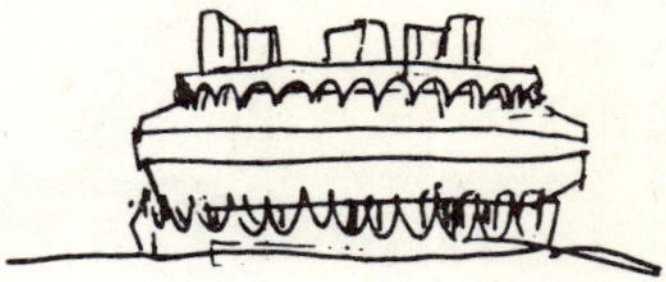

Das Projekt sieht die Entwicklung eines Lebensraumes vor, in dem die Zusammenballung der Bevölkerung nicht als ein notwendiges oder zweckmäßiges Übel anzusehen ist, sondern als unverzichtbarer Vorzug. Es stünde genug Raum (350 Hektar) für eine Streusiedlung zur Verfügung, das Projekt hat sich jedoch für eine geballte Siedlungsweise entschieden, um den Lehren der Evolution und der Geschichte gerecht zu werden. Arcosanti hat keine «öffentlichen» Straßen. Schon das Design hält also Automobile aus diesem Lebensraum fern. Der wesentliche Vorteil von Bevölkerungsballungen liegt natürlich darin, daß sie Verbundenheit und damit auch Kohärenz und Sensibilisierung fördern.

14

MASSSTAB UND LEISTUNG

Allgemein herrscht die Auffassung, daß der sogenannte *menschliche Maßstab* eine Funktion sichtbarer Größe sei, unabhängig von Effektivität oder Kontext. Ein Granitblock, ein Faß voller Fliegen, ein Mensch – das sind jedesmal 150 Pfund Materie. Was den Granit anbelangt, ist der Maßstab unerheblich. Bei den Fliegen findet keine Leistung statt, der Maßstab ist deshalb ohne Bedeutung. Beim Menschen (der im Vergleich zur Fliege ein Megaorganismus ist) sind Größe und Leistung in Einklang: der richtige Maßstab! Bei einem «Servierteller voller menschlicher Fliegen» wird der Maßstab immer unmenschlich sein (siehe dazu das Los-Angeles-Syndrom). Für einen Lebensraum voller Menschen aber wird der richtige Maßstab bestimmt durch die für eine effektive Leistung notwendige Größe.

Arcosanti wird eine kleine Arcologie sein, obwohl eigentlich alle Arcologien klein sind, da sie im Hinblick auf Leistung miniaturisiert werden. Sie treten an die Stelle der funktionsunfähigen, zusammenbrechenden Megastrukturen. Los Angeles ist eine Super-Megastruktur, die all die bekannten Syndrome von Vergeudung, Verschmutzung und Absonderung in sich vereint. Der urbane Effekt der Arcologie liegt am entgegengesetzten Ende des Spektrums, wo Komplexität durch Miniaturisierung erreicht wird. Der menschliche Maßstab des Projektes wird bestimmt werden durch die Qualität dessen, was von ihm geschützt und gepflegt wird, nicht durch die expliziten Dimensionen seines Lebensraumes.

15

SMALL IS BEAUTIFUL?

Soll das ein Witz sein? Oder soll es bedeuten, daß Miniaturisierung unumgänglich ist? Denn wenn *Small is beautiful* stimmt, das Kleine also schön ist, dann ist der Wal häßlich und die Maus schön. Da aber der Grad an Miniaturisierung beim Wal ebenso groß ist wie bei der Maus, stimmen beide Arten in sich. Beide verhalten sich gut genug, um zu überleben und sich zu vermehren. Bei einer Megamaus, die an Gigantismus leiden würde, wäre das anders. Gigantismus ist das Problem, nicht Größe als solche. Gigantismus ist schlechte Verpackung und deshalb Verschwendung.

Der Slogan «Small is beautiful» ist eine naive Sichtweise der Dinge, seien sie nun groß oder klein, eine unausgegorene Richtlinie, die nirgendwo hin führt. (Wie klein ist das Universum?) In Arcosanti vermeiden wir solchen Unsinn. Die «Kleinheit» der Arcologie wird definiert über Zweckmäßigkeit-Leistung, wobei Pathologie (Gigantismus) absichtlich vermieden wird. Arcologie zielt nicht auf Kleinheit als solche, sondern auf Miniaturisierung. Los Angeles ist eine Megastruktur. Tatsächlich sind alle zwei-dimensionalen Raster in Wirklichkeit Mega-Raster.

16

PENDELVERKEHR IST VERSCHWENDERISCH

Wenn wir zusammenrechnen, welche Raum-Zeit-Maschinen-Energie-Kosten durch notwendige Autofahrten entstehen (Autofahren aus Spaß sei hier einmal ausgeklammert), drängt sich uns unweigerlich die Folgerung auf, daß wir verrückt sein müssen. Ungefähr ein Sechstel unserer *Brutto-National-Zivilisation* hat nur die eine elementare und sekundäre Aufgabe, uns dorthin zu transportieren, wo wir sein müssen oder wollen. Eine Chaotenkultur. Noch schlimmer aber ist die von den Vorstädten, diesen Ultra-Absonderungs-Lebensräumen, erzeugte Lebensverneinung. Die sozialen und kulturellen Kosten fallen wirklich auf alle und alles zurück.

Das Projekt macht den Fußgänger (Zweibeiner) zur unangefochtenen «Nummer Eins». Diese «Errungenschaft» des Komplexität-Miniaturisierung-Paradigmas zeugt deutlich von Effektivität, Unmittelbarkeit, Genügsamkeit, Kohärenz, Zweckmäßigkeit, Vielfalt und ökologisch-menschlicher Verantwortung (gleichzeitig werden auf einen Schlag fast zwanzig Prozent des Energieverbrauchs eingespart!). Die oftmals angekündigte Revolution auf dem Gebiet der Informationsverarbeitung und Kommunikation wird den verschwenderischen Pendelverkehr nur geringfügig einschränken, gleichzeitig aber die Verbreitung eines noch verderblicheren Dogmas der Absonderung begünstigen.

17

MISCHNUTZUNG UND DIE NACHTEILE MENSCHENLEERER PLÄTZE

Menschenleere Plätze im Stadtgebiet sind Gefahrenquellen. Sie bedeuten eine wirtschaftliche Belastung und sind Brutstätten (oder Tummelplatz) für Gesetzlosigkeit, Vandalismus und soziale Verirrungen. Mischnutzung ist kein Allheilmittel, aber voller Leben und neuer Möglichkeiten. Sie muß ein integraler Bestandteil eines in sich geschlossenen Lebensraumes sein.

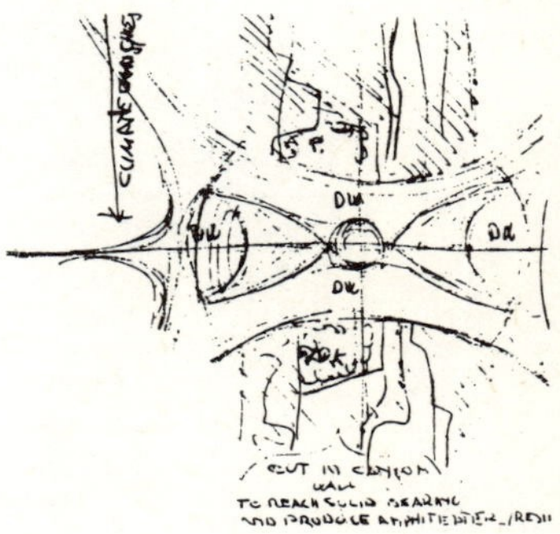

Mischnutzung tritt im Projekt durchgehend auf. Die Frage ist nicht, ob sie wünschenswert ist, sondern in welchem Maße. Das richtige Maß wird sich schließlich nur durch empirische Tests finden lassen. Das Projekt ist definitionsgemäß eine Stätte zur Durchführung solcher Tests, die schließlich zu besseren Planungsgrundlagen führen werden.

18

INTEGRIERTES LEBEN, LERNEN UND ARBEITEN

Das Computerzeitalter bietet uns wie nie zuvor die Möglichkeit zur Integration der drei wichtigsten Daseinsschwerpunkte – Leben, Lernen und Arbeiten. Solche Integration ist jedoch nicht zu vereinbaren mit der Struktur des Lebensraumes, den wir uns während der letzten hundert Jahre geschaffen haben. Wenn wir den Menschen die Identifikation mit dem Lebensraum, den sie sich selbst aufbauen, ermöglichen wollen, dann steht uns ein langer, kostspieliger Kampf um die Verwandlung der Landschaft bevor.

Eines der wichtigsten Ziele des Projektes ist die Integration von Leben, Lernen und Arbeiten. Die Resultate und Konsequenzen eines solchen Schrittes könnten von enormer Tragweite sein. Das könnte die Neuformung einer ganzen Landschaft (in kontinentalem Ausmaß) bedeuten und zu einer Wandlung der Kultur führen, die von dieser Landschaft getragen wird. Während das Projekt sich um die Ausgewogenheit der verschiedenen Funktionen bemühen wird, soll auch ein gewisses Maß an Mehrdeutigkeit (man könnte auch Unordnung sagen) eingeführt werden.

19

ABSONDERUNG UND IHRE AUSWIRKUNG AUF INDIVIDUUM UND GESELLSCHAFT

Absonderung ist die am meisten verbreitete Bedrohung für die Würde und das Wohlbefinden des Individuums und der Gruppe. Absonderung ist *endemisch.* Die verschiedenen Rassen, Altersgruppen, Volksgruppen und Berufsgruppen leben ebenso abgesondert voneinander wie die Individuen, die sich unterscheiden durch ihre Religion, ihren Reichtum oder Grundbesitz, um nur einige Beispiele zu nennen. Es ist dringend notwendig, daß wir uns mit der enormen Aufgabe befassen, die Auswirkungen der gegenseitigen Absonderung der Menschen zu verringern und effektivere und gerechtere Lebensbedingungen herbeizuführen.

Das Projekt zielt darauf ab, Barrieren aufzuheben, die unser Leben belasten. Eine solche Aufhebung verändert die Gesellschaft an der Wurzel. Isolation, Abgeschiedenheit, Zeitverlust, Monotonie, soziale und kulturelle Leere können reduziert oder aus einem, von allen Menschen zwangsweise erhobenen, Zoll in freiwillig aufgebrachte Kosten verwandelt werden. Die Praxis wird zeigen, wie weit der Abbau von Absonderung angesichts von Tendenzen zur Diskriminierung gehen kann. Dies wird ein unverzichtbarer Lernprozeß sein.

20

DIE DREI-VIER-GENERATIONEN-FAMILIE

Der Zusammenbruch der drei bis vier Generationen umfassenden Familie ist von technologischem Nomadentum und hedonistischer Freizeitkultur herbeigeführt worden. Eines der Resultate ist die Absonderung der verschiedenen Altersgruppen voneinander. Davon sind die ganz jungen und die ganz alten Menschen am schwersten betroffen – die anderen erleiden seelische Verluste. Wir tauschen Engagement und Fürsorge gegen bezahlte Dienstleistungen ein. Abgesehen von den wirtschaftlichen und medizinischen Kosten müssen wir in kultureller und ethischer Hinsicht einen fürchterlichen Preis bezahlen. Diese als aussichtslos empfundene Situation wirkt lähmend auf die Gesellschaft. Was hier auf dem Spiel steht, das ist das Wesen der Menschlichkeit.

Wenn im Projekt die Begegnung von Familienmitgliedern auf der Grundlage von einigen Minuten Spaziergang für Großeltern oder Enkel möglich ist (anstatt einer Autofahrt durch die halbe Stadt), können damit bessere Voraussetzungen für Fürsorge, Wärme und das Lernen voneinander geschaffen werden. Die Struktur von Arcosanti macht dies möglich, da sie nach dem Paradigma des urbanen Effekts angelegt worden ist. Vergegenwärtigt man sich das Ausmaß der Probleme, die durch die Absonderung der Altersgruppen entstehen, dann kommt man zu dem Schluß, daß der Bau von Arcosanti die Mühe wert wäre, auch wenn das Projekt nur auf diesem einen Gebiet Erfolg hätte.

21

DAS DILEMMA DER BEWOHNER VON STADT UND LAND (KONFRONTATION)

Schon immer haben Stadtbewohner sich mit ihrem Wohnort identifiziert – früher aber hatten sie darüber hinaus noch familiäre Beziehungen aufs Land und konnten regelmäßig dahin auf Besuch gehen. Die Städte waren klein genug, um solche Reisen zu ermöglichen. Die Landbevölkerung reiste in der entgegengesetzten Richtung und brachte ihre landwirtschaftlichen Erzeugnisse in den Städten auf den Markt. Heutzutage jedoch herrscht Trennung zwischen Stadt und Land, oder allenfalls ein hedonistisches Nomadentum. Zu unser aller Schaden ist die belebende Wirkung des Kontrastes zwischen Stadt und Land verloren gegangen – statt dessen herrscht jetzt unnötige Umweltzerstörung.

Ein direkter Vorteil von Komplexität-Miniaturisierung (also von der absichtlichen Reduktion und Eingrenzung der Größe des Stadtgebietes ist die Tatsache, daß sowohl die städtischen Institutionen (des Wohnens, Lernens, Arbeitens, usw.) als auch das offene Land «zu Füßen der Stadt» unmittelbar zugänglich sind; entsprechend ist das Design von Arcosanti. Solche Zugänglichkeit entspricht dem Wesen der Demokratie und ist von grundlegender Bedeutung.

22

IDENTIFIKATION, FRUSTRATION, ZWANG, FREIHEIT – UND AUSSCHWEIFUNG

Einer der beunruhigenden Aspekte unstrukturierten Nomadentums (das wirtschaftlichen oder anderen Gründen entsprang) ist die Unfähigkeit des Individuums, sich mit einem Ort zu identifizieren. Dies ist eine neue und katastrophale, obgleich endemische Situation. In gewisser Weise bedeutet sie eine Befreiung und hat eine erweiternde Auswirkung auf die individuelle Freiheit. Sie gibt dem Individuum aber auch einen Freibrief, die Umwelt zu mißbrauchen, in der es sich aufhält, ohne wirklich dazu zu gehören. Daher besteht die fatale Tendenz, daß sich aus dem Fehlen struktureller Disziplin äußerer Zwang entwickelt. Diesem setzt man egoistische Ausschweifungen entgegen, die verkleidet werden als Selbstverwirklichung oder *Freiheit.*

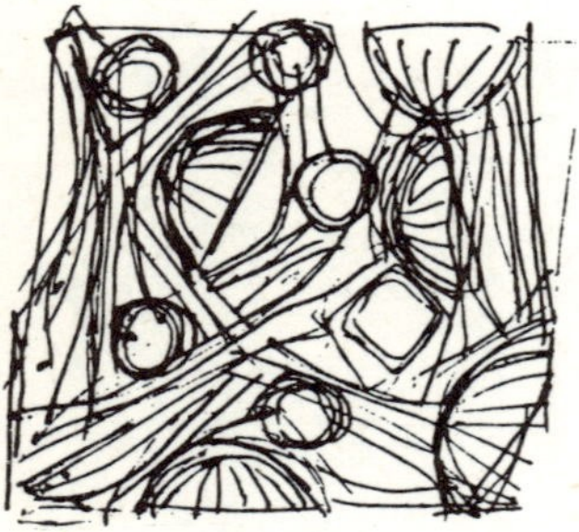

Wir achten nicht genug auf die Zwänge – physiologischer und anderer Art – die durch das Fehlen eines vertrauten Milieus erzeugt werden und besonders zum Ausdruck kommen, wenn die Dinge schiefgehen. Dies ist ein beliebtes Thema in der Literatur geworden. Das Projekt Arcosanti verschafft seinen Bewohnern Vertrautheit mit ihrem Milieu, und zwar einerseits durch die Art seiner Konstruktion, andererseits durch die intensive Identifikation, die durch die Teilnahme am Bauprozeß entsteht. Wer sich mit einer Sache identifiziert, weist natürlich gern auf ihre ungewöhnlichen Aspekte hin, die eine Quelle von natürlichem Stolz und «innerem Wert» darstellen.

23

AUTARKIE ODER SELBSTVERSORGUNG

Wer in dieser aus voneinander abhängigen Teilen zusammengesetzten Welt behauptet, autark zu sein, beweist damit nur seine Dummheit und Arroganz. Nur ein System ist autark: der Kosmos in seiner Gesamtheit. Die Vorstellung, etwas entwickeln zu können, das in völliger Isolation existieren kann, ist überspannt und unsinnig. Ein gewisses Maß an Autonomie und Selbstversorgung ist dagegen ein vernünftiges Ziel, das einerseits die Arroganz dämpft, andererseits parasitärer Verantwortungslosigkeit entgegenwirkt.

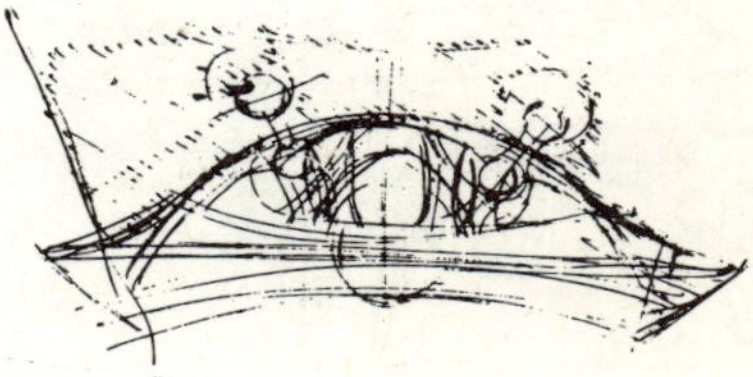

Das Projekt hat nie auf eine Autarkie abgezielt. Nicht einmal auf dem Gebiet der Energieversorgung bemüht Arcosanti sich um Unabhängigkeit. Vielmehr ist beabsichtigt, über Komplexität-Miniaturisierung und die Tugend der Genügsamkeit zu einer zurückhaltenderen und vernünftigeren Nutzung der Ressourcen von nah und fern (Sonne, rund 150 Millionen Kilometer entfernt) zu kommen, was das Ausmaß der Selbstversorgung erhöhen und die Abhängigkeit von der Außenwelt vermindern würde. Es zeigt sich: die Außenwelt, auch das sind wir, das sind wir…

24

UMWELT-METAMORPHOSE UND IHRE FOLGEN

Das Gleichgewicht zwischen Erhaltung und Erneuerung ist leicht zu erschüttern. Die Lebensweise des Pioniers ist dadurch gekennzeichnet, daß das Schwergewicht – sei es aus Zufall, sei es aus Notwendigkeit – auf Erneuerung gelegt wird. Das führt zu ungewöhnlichen Ereignissen, von denen eine Kultur nur profitieren kann, egal ob diese zum *Erfolg* führen oder nicht. In Forschung und Entwicklung werden die Dinge absichtlich bis zu ihrer Zerstörung beansprucht, um die Grenze ihrer Belastbarkeit festzustellen.

Indem wir bei Null anfangen (natürlich nicht in Wirklichkeit), bekommen wir es mit allen positiven und negativen Begleiterscheinungen einer solchen Situation zu tun. In Anbetracht des Mangels an menschlicher Feinfühligkeit für das Verhältnis zu uns selbst und zu unserer Umwelt, sei sie natürlich oder von Menschen hergestellt, ist es unumgänglich, daß radikale Veränderungen vorgenommen werden, damit neue Arten der Planung und des Lebens möglich werden. Daß der nächste Schritt darin bestehen wird, solche Veränderungen zur neuen Norm zu machen, bedarf keiner weiteren Erwähnung.

25

GLEICHGEWICHT ZWISCHEN ABSTRAKTEN UND EMPIRISCHEN LERNPROZESSEN

Wir leben im Zeitalter der Verpackung. Diese ist auf dem Gebiet der Information zum universellen Phänomen geworden. Die Videokassette ist zum Symbol der Informiertheit geworden. Ebenso wie viele andere wirkungsvolle Lehrmittel umgeht sie jedoch die körperliche Erfahrung und richtet sich unmittelbar an das Gehirn. In dieser Weise geschulte Geister können im höchsten Maße amoralisch werden. Sie leiden an einem Mangel an Kontakt, d.h. es fehlt ihnen die für Ethik, Religion und Ästhetik notwendige emotionale und sinnliche Weltverbundenheit. Je tiefer wir ins Computerzeitalter dringen, desto besser müssen wir unsere Gefühle und Sinne ausbilden, um weiterhin als ganze Wesen zu wirken.

Es gehört zu den Zielen des Projektes, das Gleichgewicht zwischen Informationen aus der unmittelbaren Umwelt und von außerhalb zu wahren und aus beiden gleichermaßen zu lernen. Eine solche ausgewogene Mischung wird von der Struktur Arcosantis gefördert. Wohnbereich und natürliche Umwelt liegen nahe beieinander, und die Kommunikations- und Informationstechnologien, die für das Leben einer Gemeinschaft heute so wesentlich sind, werden ebenfalls zur Verfügung stehen. Eine derart integrierte Mischung aus Informationen von nah und fern könnte zu Ergebnissen führen, die für die Kultur der Zukunft wegweisend sind.

26

HANDELN – WISSEN (LABOR-UNIVERSITÄT)

Die Informationsschwemme hat zwei häßliche Begleiterscheinungen: Abstraktion und Pseudowissen. Der Weg durch die Spielhalle führt zu entkörperten Intelligenzen, die aufs *Abschalten* eingestellt sind. Am Ausgang der Spielhalle steht die Universität mit ihrem Angebot von Informationspaketen, die in bezug auf Wissen und Durchblick nicht viel bringen, sich aber gut auf dem Arbeitsmarkt verkaufen lassen.

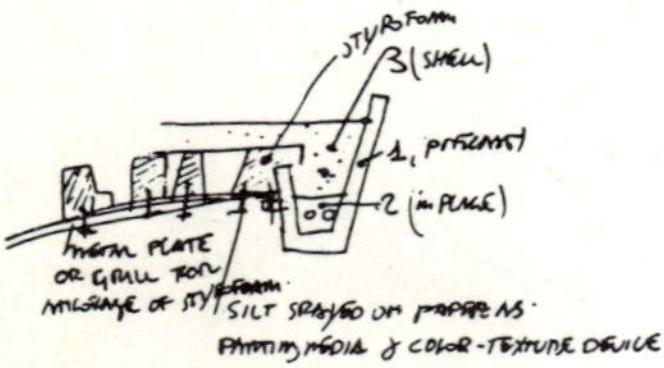

Arcosanti gibt nicht vor, mit akademischen Vorzügen aufwarten zu können, kann es aber dem körperlosen Geist oder dem zwar nichtgelehrten, aber doch informierten Menschen ermöglichen, sich einmal mit empirischen Vorgängen auseinanderzusetzen. Das könnte dazu beitragen, zwischen der Welt der Ideen und der Welt der Dinge, zu der auch unser Körper gehört, die notwendige Kohärenz herzustellen. Im Labor für Städtebau kann Wissen durch die Praxis gehen und sich so selbst auf die Probe stellen. Solche Tests durch echtes Handeln bringen notwendigerweise auch Fehlschläge mit sich.

27

AUTOMATISIERUNG UND ARBEITSLOSIGKEIT

Es spricht vieles dafür, daß wir in Zukunft besonderes Gewicht auf den Bau neuer Wohnstätten legen werden, und daß wir uns dabei nicht nur an den Bedürfnissen einzelner Menschen, sondern auch an denen der ganzen Gesellschaft orientieren, d.h. daß wir Lebensräume von besonders hoher Qualität errichten werden, welche die Bedürfnisse der größtmöglichen Anzahl von Gemeinschaften befriedigen. Solche Arbeit läßt sich kaum automatisieren. Sie vermehrt das Wissen über die Beschränkungen, denen der Mensch unterworfen ist, führt aber auch zu einer deutlicheren Wahrnehmung der Notwendigkeit von Transzendenz, die sich hinter der Erscheinung des Menschen verbirgt. Die Errichtung menschlicher Lebensräume könnte für Generationen die Vollbeschäftigung durch sinnvolle Arbeit bedeuten. Wenn es wahr ist, daß die Automatisierung ein Vorzeichen für eine Metamorphose der Intelligenz bedeutet, wird ein solches Ereignis den Geist selber *revolutionieren.*

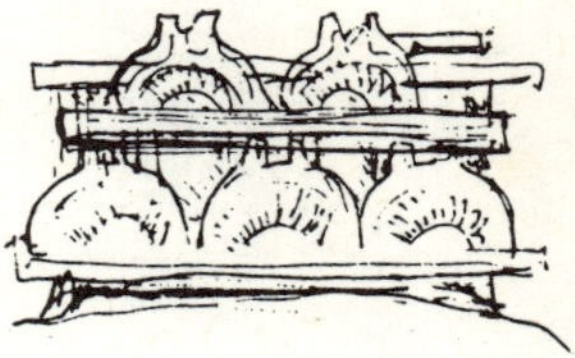

Das Projekt kann höchstens auslösendes Moment für eine Metamorphose werden. Die am Projekt beteiligten Menschen werden daran erinnert, daß «mein Heim», egal wie gut es ist, nie alle Einrichtungen umfassen kann, die Zivilisation und Kultur ausmachen. Leider wird sich die menschliche Familie nur angesichts einer echten Bedrohung vereinigen. Bedauerlich ist, daß die zersplitterte Vorstadtsiedlung mit all ihren offenkundigen Übeln als utopische Vorstellung weiterhin fest in den Köpfen der Menschen verankert ist. Die Beschäftigung von Menschen zur Umformung der planetaren städtischen Landschaft ist potentiell eine massive und erheiternde Aufgabe.

28

SOZIALWISSENSCHAFT ODER LEBENSKUNST?

Seit urdenklicher Zeit strebt die Menschheit nach der höchsten aller Fähigkeiten: ein gutes Leben führen zu können. Das Problem der angewandten Sozialwissenschaften mag in dem Ansatz liegen, ein gutes Leben nach wissenschaftlichen Maßstäben *konstruieren* zu wollen. Mona Lisa ist nicht *konstruiert* worden, vielmehr ist das Bild unter Zuhilfenahme von technischem Know-how geschaffen worden. Eine weitere Schwierigkeit liegt in der *Jugend* der Sozialwissenschaften, die sich auch im jungen Alter der sie tragenden Wissenschaftler manifestiert. Der Slogan «Leben und leben lassen» könnte gut als Ausgleich wirken zu den reformerischen Bemühungen der Sozialwissenschaftler.

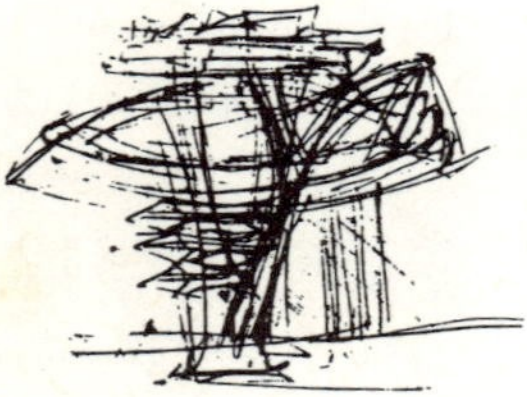

Das Projekt beabsichtigt, schon vom Entwurf her gewisse Regeln festzulegen. Ein Beispiel dafür: Da es in Arcosanti keine Straßen gibt, wird es auch keine Autos geben; ein anderes: Durch Integration der Bereiche des Lebens, Lernens und Arbeitens werden die Nachteile vermieden, die bei einer Aufteilung in Zonen entstehen. Das Projekt will jedoch unbedingt vermeiden, das Leben seiner Bewohner zu planen. Statt dessen bietet es ihnen eine in gewisser Weise strukturierte Umwelt an (das Instrument), innerhalb derer sie handeln und ihr eigenes Leben führen (die Musik).

29

HIGH-TECH UND DER URBANE IMPERATIV

Die wesentliche Gemeinsamkeit von Technologie und Urbanisierung besteht darin, daß beide unter dem Imperativ von Komplexität und Miniaturisierung stehen. Der befreiende, transzendente Weg in die Zukunft des Lebens ist der Weg über Komplexität-Miniaturisierung. Auf diesem Weg werden wir schließlich sogar dahin gelangen, fähig zu sein, das Wesen der Raum-Zeit selber zu transformieren. Die Auswirkung einer solchen Metamorphose wird ein *Urknall* des Geistes sein. Zunächst aber ist es mehr als nur elegant, eine Synthese von High-Tech und Lebensraum zu finden – sie ist eine Vorstufe für einen Quantensprung in der menschlichen Kultur.

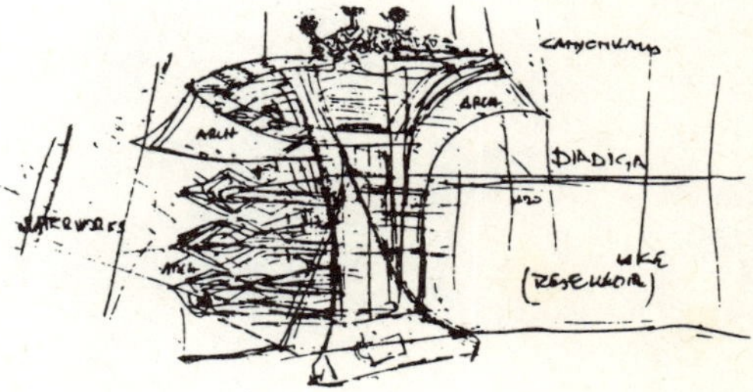

Die Prämissen von Arcosanti liegen im Komplexität-Miniaturisierung-Dauer-Paradigma. Das bedeutet, daß Arcosanti mit der «gleichen» Anzahl von Menschen und der «gleichen» Menge an Raum-Zeit, Ressourcen, Kapital und Arbeit einen größeren Reichtum auf sozialem, kulturellem, geistigem, ästhetischem und ökologischem Gebiet schaffen kann... ein Schritt hin zum Geist. Das ist mehr als nur ein Aktivposten zum Nutzen eines endlichen Planeten. Es könnte sehr wohl eine teleologische Notwendigkeit für die Wirklichkeit von Organismus überhaupt sein.

30

PLANUNG ODER SPONTANEITÄT?

Da wir nun einmal antizipierende Tiere sind, liegt uns das Planen im Blut. Wenn wir unsere geistige Kraft jedoch in den Planungsprozeß investieren, mangelt es uns bei der Ausführung oft an Flexibilität. Die Grenze zwischen der disziplinierten Heranbildung tragfähiger Strukturen und der Unterdrückung von Entwicklung und Metamorphose ist fließend und schwer zu erkennen. Der einzige Maßstab hierfür ist das Maß der Veraltung.

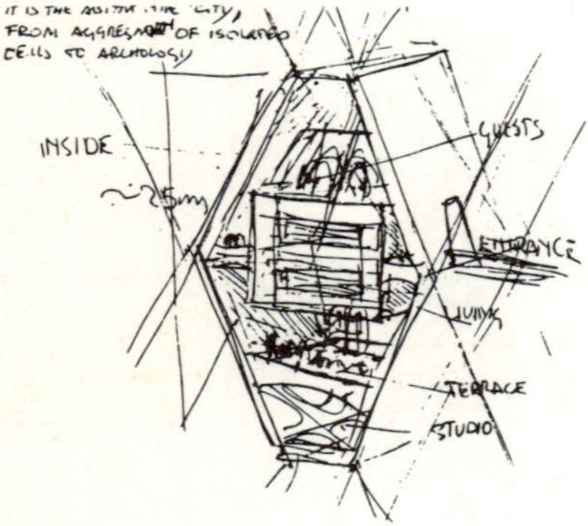

Erstrebenswert ist eine Mischung geplanter und spontaner Prozesse. Das Projekt ist noch im Fluß, was sich darin äußert, daß das Design im Rahmen der ursprünglichen Richtlinien dauernd verändert wird. Aus dem Kontext, in dem wir arbeiten, ergibt sich natürlich, daß wir uns irgendwann festlegen müssen, und im Laufe der Zeit wird ein immer größerer Teil der physischen Elemente des Projektes definiert.

31

VERALTUNG: DER UNVERMEIDBARE PREIS DER ENTROPIE

Unsere Wegwerfkultur hat Veraltung zum Maßstab ihrer Dynamik gemacht. Je größer die von uns produzierte Masse an Unordnung ist, desto mehr Ordnung muß dieser Unordnung zugrunde liegen. Im Zentrum solcher hochentwickelter Ordnung stehen der Mensch und sein Glück. Allmählich werden wir weiser, jedoch nur auf der abstrakten, intellektuellen Ebene. In der Praxis betrachten wir immer noch die Größe unserer Müllhalden als Maßstab unseres Wohlergehens. Die üble Seite geplanter Veraltung besteht im Verschwinden des Hervorragenden. Zweckmäßigkeit wird in den meisten Fällen für wichtiger gehalten.

Da wir uns für Genügsamkeit entschieden haben, geraten wir automatisch in Gegensatz zur «geplanten Veraltung» und auf Konfrontationskurs zur (Brutto-) National-Megamülldynamik. In der Praxis steht uns noch ein langer Kampf gegen Veraltung bevor, wobei wir uns dessen bewußt bleiben, daß Veraltung auch etwas Gutes an sich haben kann, wo sie Platz schafft für das Neue. Eine häßliche Seite der Verbraucherschutzbewegung ist ihre Tendenz, uns den Spaß an Spontankäufen zu verderben: «Ich kaufe die Sachen, weil es sie gibt.» Verbraucherschutz hat in Arcosanti keine hohe Priorität.

32

HABGIER UND IHRE WIRKUNGSWEISE

Kaum jemand wird bestreiten wollen, daß Habgier uns angeboren ist. Habgier verleiht eine enorme Antriebskraft, und wenn diese uns nicht überwältigt, dann hält sie die Dinge am Laufen. Leider fehlt dabei eine automatische Bremse. Es muß ein Eingriff von außen erfolgen, um die Habgier unter Kontrolle zu halten. Mit anderen Worten: Habgier hat nicht die Eigenschaften eines Organismus. Sie funktioniert rein mechanisch und hat als Antriebskraft des *Fortschritts* und vielleicht auch der Evolution dazu geführt, daß das menschliche Leben von Leiden und Ausbeutung gekennzeichnet ist.

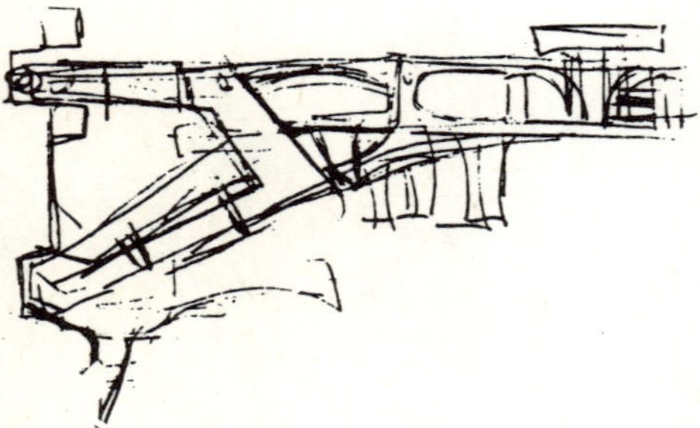

Da das Eintreten für Genügsamkeit die wichtigste Grundlage des Projektes darstellt, versuchen wir die Habgier durch Design und Selbstverpflichtung im Zaum zu halten. Auch hoffen wir das Gefälle verkleinern zu können, das zwischen dem Lohn unserer Arbeit und dem besteht, was weniger Begünstigte als Frucht ihrer Mühen ernten können. Weltweite Gerechtigkeit wird zu mehr als einem abstrakten Begriff, wenn unser Gehalt (der gesetzliche Mindestlohn) auf einem Niveau liegt, das einem planetaren Wirtschaftssystem der Zukunft angemessen ist, wie es bei Arcosanti der Fall ist.

33

EIGENTUM: ÖFFENTLICHKEIT GEGEN PRIVAT

Das *gottgegebene Recht zum Privateigentum* ist eine schreiende Lüge. Nichts läßt sich mit Tugend schlechter vereinbaren, als wenn wir an etwas anderem als an Wissen oder Emotionen festhalten. Allerdings wird die Wirklichkeit nicht von Tugend geprägt, und es gibt Gründe, welche die Existenz von Eigentum rechtfertigen. Wissenschaft und Religion aber lehren uns, daß alles mit allem verbunden ist – egal was ich festhalte, es gehört auch anderen.

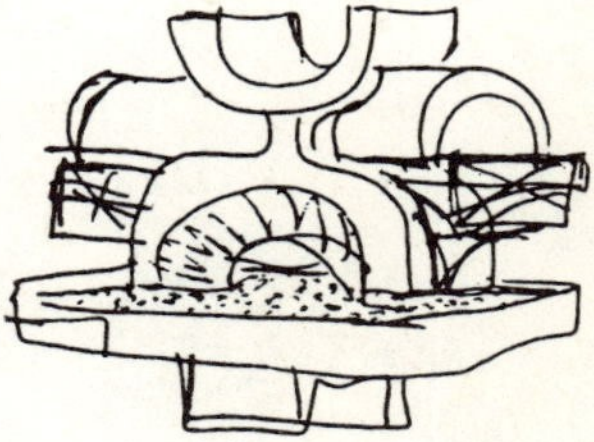

Der wahre Wert der Verwaltung besteht nicht in ihrer Bedeutung für die Natur. Schließlich ist die Wirklichkeit Prozeß, und Prozeß ist nicht Verwaltung. Verwaltung kann jedoch ein sinnvoller Aspekt der Art und Weise sein, wie wir die Nutzung, Kontrolle und Pflege unseres Erbteils und unserer Errungenschaften untereinander aufteilen. Wir vermeiden deshalb die Täuschungen und Ungerechtigkeiten des Hortens und hoffen, daß die Entwicklung von Arcosanti den Richtlinien von «Nutzung und Verwaltung» folgen wird, die Metamorphose bedeuten.

34

MITTELMÄSSIGKEIT UND IHRE EINSCHRÄNKENDE WIRKUNG

Mittelmäßigkeit läßt sich nicht durch Intelligenztests messen, sondern nur dadurch, wieviel Ehrlichkeit und Engagement jemand aufbringt. Mittelmäßigkeit ist Mangel an Moral, ist Feigheit des Herzens. Die Freiheit, mittelmäßig sein zu können, mag sich für die Demokratie durchaus als Falle erweisen. Durch Planung, Design, Architektur, Musik, Literatur und das allgemeine Geschmacksniveau innerhalb der Polis kann einer Gesellschaft ein gewisses Maß an Vortrefflichkeit, Würde und Integrität verliehen werden. Fehlen diese Elemente, so ist das wohl kaum ein Zeichen von Freiheit, schon gar nicht aus der Perspektive junger Menschen, deren Wahlfreiheit aus einem subtilen Gleichgewicht von innerem Verwurzeltsein und dem äußeren Druck ihrer Altersgruppe besteht.

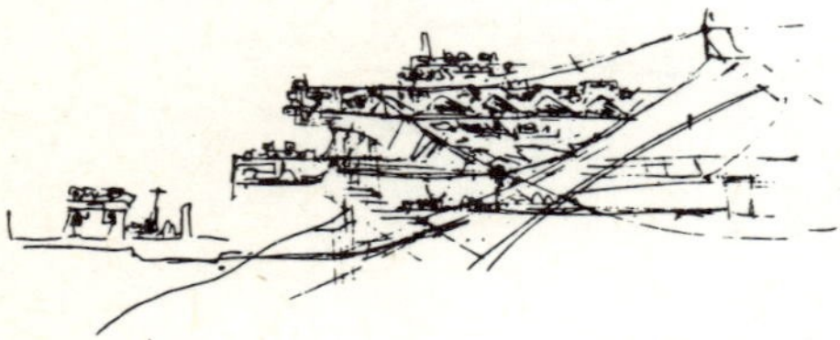

Daß ein Projekt der Mittelmäßigkeit widersteht, läßt sich nicht garantieren, muß aber immer das Ziel sein. Symptome der Mittelmäßigkeit sind Bosheit, Kleinlichkeit, Rachsucht, Heuchelei und Intoleranz. Dagegen müssen wir angehen, in Arcosanti ebenso wie anderswo. Notwendig sind Urteilsfähigkeit und Großzügigkeit – aber es besteht die Gefahr, daß Urteilsfähigkeit sich in Elitarismus verwandelt und so wieder der Mittelmäßigkeit verfällt.

35

HEDONISMUS UND KULTUR

In Übereinstimmung mit den Regeln von Verfall und Zusammenbruch stürzt sich unsere westliche Kultur kopfüber in den Hedonismus. In den siebziger Jahren kam zusätzlich noch der Wahn auf, «man selbst sein» zu müssen (als ob etwas anderes überhaupt möglich wäre). Die Demokratie macht also gerade ihre *Freibrief-Phase* durch: Alles ist erlaubt, was meinem Ego Ausdruck verleiht! Dabei kann es durchaus geschehen, daß echte Kultur zu einem schattenhaften Dasein verkommt, während nur noch wenige um deren Überleben kämpfen. Falls Mobilität jemals zu einem weltweiten Phänomen werden sollte, muß irgendjemand die Aufgabe übernehmen, die Reiseberichte von Milliarden Touristen mit Lernstoff anzureichern. Werden dann die Hotels in aller Welt die Universitäten von morgen sein?

Das Projekt plant die Entwicklung einer Mischung aus Entdeckung, Lernen, Vergnügen. Die 63 Themen sollten genügend Aspekte ansprechen, um jedem nützliche Hinweise zu geben. Eine kosmopolitisch gemischte Gruppe sollte den Unsinn des Nationalismus entlarven und die damit verbundene Feindseligkeit und Intoleranz ebenso bloßstellen wie die tragische Neigung zur Problemlösung durch Töten (bis zum Genozid). Der simplifizierende Charakter des Hedonismus ist ein deutliches Zeichen für Involution und widerspricht dem Komplexität-Miniaturisierung-Dauer-Paradigma, auf dem das Projekt aufbaut.

36

DROGEN UND WIRKLICHKEITSFLUCHT

Wenn die Gesellschaft beschließt, daß das Individuum nicht schuldig, sondern nur krank sein kann, kann Drogensucht leicht begrenzt werden. Kinder, die sich mit Alkohol oder anderen Drogen berauschen, tun das mit Gusto, weil es ihnen Genuß und Anregung verschafft, und die Gesellschaft sie zu solchem Verhalten ermutigt. Erst später kommt die Krankheit, wenn die physische oder psychische Abhängigkeit einsetzt. Schuld an der weiten Verbreitung von Drogen sind die permissive Gesellschaft und ihre Gurus, oder wollen wir allen Ernstes die Verantwortung und Schuld den Kindern zuschieben? Hedonismus ist eine verderbliche Verbindung von Permissivität und Dekadenz. Gierig und selbstvergessen tanzen wir hinein in eine Landschaft ohne Ethik oder Anteilnahme. Die *Ich*-Kultur wird geboren.

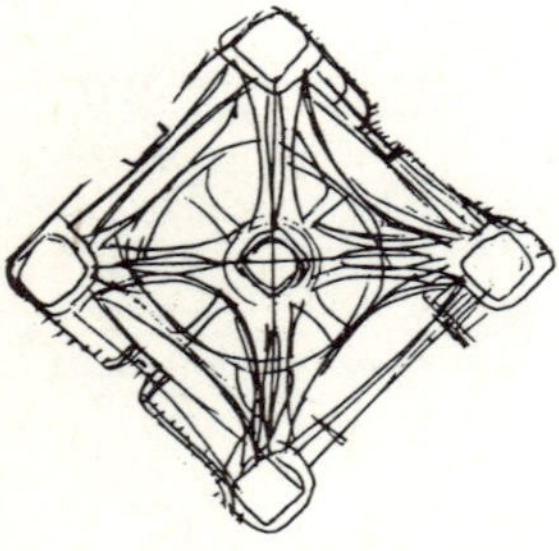

In Arcosanti halten wir die Nase über dem Wasser (hoffe ich wenigstens). Der Grund dafür sollte klar sein. Wenn Ehrfurcht vor dem Leben überhaupt etwas bedeutet, dann ganz gewiß, daß der eigene Körper dasselbe Anrecht darauf hat, mit Rücksichtnahme, Respekt und Ehrfurcht behandelt zu werden wie andere. Sich regelmäßig mit Drogen vollzupumpen ist respektlos. Die Entwürdigung von Körper und Geist ist ein Verbrechen gegen das Leben, auch wenn wir sie mit schönen Worten verbrämen.

37

DIE ICH-GENERATION

Da sich in unserer Kultur Eltern, wie auch die Gesellschaft als ganzes, zurückziehen vor der Verantwortung, jene äußere Disziplin zu schaffen, die für die Entwicklung von Selbstdisziplin so wesentlich ist, bekommen wir es jetzt mit einer zutiefst unglücklichen *Ich-Generation* zu tun. Die Grausamkeiten, die diese Generation sich und anderen Generationen zufügt, sind schwerwiegend, aber wahrscheinlich unvermeidbar (die Sünden der Väter). Das entstandene ethische Vakuum wird schnell gefüllt von einer Allianz von blauäugigen Idealisten (mit verschwommenen Vorstellungen), flatterhaften Intellektuellen (Jet-Set) und geschäftstüchtigen Gurus, die schleimige Hirngespinste absondern. Betrachtet man diesen geistigen Soft-Porno genauer, dann beginnt man an den Vorzügen des «durch harte Fakten gesteuerten Handelns» einer pseudo-dynamischen Technokratie zu zweifeln.

Einer solchen Allianz in die Hände zu fallen, wäre meines Erachtens das Schlimmste, was Arcosanti widerfahren könnte! Da wäre es mir lieber, wenn das Projekt zu einem habgierigen Unternehmen oder einer stillen Ruine würde. Arcosanti sollte eingehen können auf die Klagen der «Ich-Generation», wie sie uns aus dem Inneren von Kloakenstädten wie Kalkutta, Bombay oder ähnlichen Orten entgegentönen. Kommt dieses Geschrei aber von überfütterten, überschützten und überfreien Abendländern, dann wird es pathetisch und betrügerisch. Es kommt mir regelrecht erniedrigend vor, und ich hoffe, daß Arcosanti von meiner Empörung angesteckt ist.

38

PRODUKTIVITÄT, GENÜGSAMKEIT UND MARKT

Zur Freiheit gehört die Möglichkeit der Auswahl. Das bedeutet, daß für die eigene Person ebenso wie für andere Menschen die Möglichkeit besteht, sich für dies oder jenes zu entscheiden. Eine freie Entscheidung für ein genügsames Leben mit einem bescheidenen Einkommen kann nur in einem Umfeld von Wohlstand oder gar Überfluß erfolgen. Wenn eine auf Genügsamkeit basierende Wirtschaftsweise mit den Mechanismen der Marktwirtschaft zusammenprallt, dann lernen wir vielleicht die Phänomene kennen, die sich einstellen, wenn die reichen Nationen schließlich einsehen werden, daß sie nur kleine Inseln in einem weltweiten Meer der Armut sind.

Das Projekt geht davon aus, daß Genügsamkeit die bessere Lebensweise ist. Damit wird es unsinnig, die Verschwender zu beneiden oder sie zu bekämpfen. Schwierigkeiten könnte es dem Projekt bringen, wenn einige Leute, die sich der einzigartigen Vorzüge des genügsamen Lebens in Arcosanti erfreuen, sich vorsätzlich zu Parasiten machen. Das würde weder ihnen noch dem Projekt nützen. Was der Planet jetzt braucht, ist Genügsamkeit. Warum sollten wir uns nicht darauf umstellen? Es könnte doch auch sein, daß Genügsamkeit eine notwendige Voraussetzung für weltweite Gerechtigkeit ist.

39

DAS KLASSENZIMMER UND DER URBANE EFFEKT

Wenn wir aus Erfahrung lernen, so setzt sich das Gelernte leicht im Bewußtsein und im Unterbewußtsein fest. Streifzüge in der Nachbarschaft bilden ebenso wie der Schulbesuch. Heute ist die Nachbarschaft jedoch meist so heruntergekommen, daß solcher Art der Ausbildung alle konstruktiven Aspekte fehlen. Dasselbe gilt für das Erleben der Natur, das inzwischen den Privilegierten vorbehalten bleibt und uns anderen nur als abgepacktes Programm angeboten wird. Der urbane Effekt durchbricht entweder Schranken physischer, sozialer und kultureller Art, oder aber unser Glück wird zum Unglück.

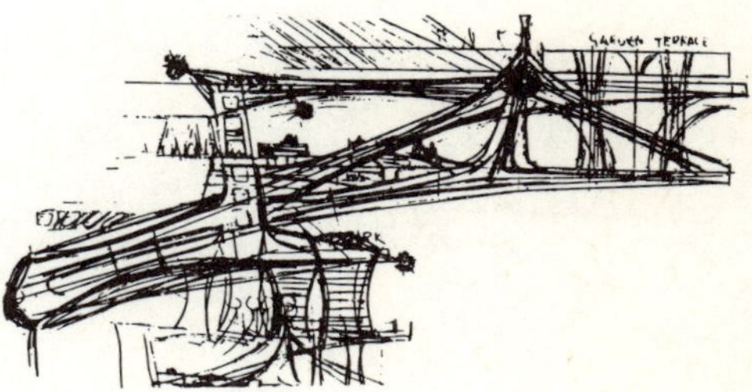

Das Projekt ist durch Absicht und Design darauf eingerichtet, das Lehrpotential der Umwelt nutzbar zu machen. Arcosanti bemüht sich um den urbanen Effekt – also eine lebhafte, eigenständige, mehrdimensionale städtische Umgebung, in der Kinder, Erwachsene und Alte miteinander umgehen. Gleichzeitig wird die Struktur des Lebensraumes so eingerichtet, daß die Natur leicht zugänglich ist.

40

GESUNDHEIT UND MEDIZIN IM URBANEN EFFEKT

Eine kohärente und effektive städtische Landschaft trägt viel zur Gesundheit ihrer Bewohner bei. Eine vernünftige logistische Struktur kann außerdem Bedingungen herbeiführen, unter denen sich ärztliche Hilfeleistungen wesentlich kostengünstiger durchführen lassen und nicht so oft Notfälle eintreten. In einer Gemeinschaft, in der intensive soziale Kontakte gepflegt werden, würden nicht nur *Dienstleistungen* verabreicht, sondern es könnte sich ein Geist liebevoller Fürsorge einstellen – die seltenste Form sozialen Engagements.

Die Struktur von Arcosanti ist so entworfen, daß Arzt und Patient nur einen kurzen Fußweg voneinander entfernt leben. Noch wichtiger ist, daß die Struktur eine intensive Interaktion unter den Bewohnern begünstigt und die Versorgung und Pflege von Kranken und Behinderten erleichtert. Tatsächlich wird sich das fertiggestellte Projekt den Behinderten als eine äußerst entgegenkommende Umgebung präsentieren, die ihnen ein Höchstmaß an Autonomie ermöglicht.

41

SPORT UND FITNESS

Organismen entwickeln mit großer Regelmäßigkeit krankhafte Zustände. Handelt es sich dabei um Menschen, dann werden die Krankheitserscheinungen mit grenzenlosem Enthusiasmus und schwindelerregenden Kosten vorgeführt. Sportarten mit Massen von Zuschauern sind Kampfspiele (Fußball) oder Vorführungen extravaganter Geschicklichkeit (Golf) und legitimieren sich eher als moralisches Schauspiel denn als Huldigung der Fitness. Die enorme Ironie der Sache zeigt sich darin, daß man voller Begeisterung den eigenen Körper bis zur Erschöpfung durch eine tödlich langweilige Tretmühle jagt, während man sich standhaft weigert, eine Treppe hinaufzugehen. Das Konsumententum entlarvt sich hier wieder einmal als Meister des Absurden.

In der Arcologie geht man beim Design vom Fußgänger als einem normalen Organismus aus. Da ich Theater innerhalb bestimmter Grenzen für einen Verstärker der Realität halte, finde ich es nicht wünschenswert, Zuschauersport grundsätzlich auszuschließen. Allerdings werden strikte Grenzen finanzieller Art gezogen. Körperliche Fitness werden wir durch weniger extravagante Tätigkeiten erzielen, hauptsächlich durch die normalen Bewegungsabläufe, die sich einstellen, wenn man seine Menschlichkeit nicht nur im Geiste, sondern auch körperlich auslebt. Es wird kaum oder gar nicht mehr vorkommen, daß jemand hinter dem Steuerrad einer tonnenschweren, mit Rädern versehenen Kiste hängt und nichts weiter tut als zu hoffen, daß der Stau da vorne sich bald auflöst.

42

DIE RADIKALISIERUNG DER KÜNSTE

Diese Überschrift ist wörtlich zu verstehen. Die Künste haben sich aus elementaren Bedürfnissen entwickelt. Ursprünglich waren sie eine Art High-Tech, eine vom tatsächlichen Bedarf gesteuerte Ausübung der am weitesten entwickelten geistigen und handwerklichen Fähigkeiten. Ein Schritt zur Radikalisierung der Künste ist getan, wenn man den Künstler mit einer Umwelt konfrontiert, die nach Partizipation, nach Emphase, nach Kontrapunkt und nach Identifikation verlangt.

Von Anfang an bestand die Absicht, das Projekt zu einem «Zentrum der Künste» zu machen (jedoch nicht zu einer Gemeinschaft von Kunsthandwerkern). Diese grundlegende Absicht bedarf allerdings der Radikalisierung, wie oben definiert. Es ist zu hoffen, daß unsere Bauten nicht nur Mittel zum Zweck sein werden, sondern darüber hinaus (ästhetischer) Ausdruck; nicht nur ein Instrument, sondern die Musik selber.

43

DIE STADT ALS KATHEDRALE UND PALAST

In der Vergangenheit war es die Regel, daß Tempel, Turm und Palast das Stadtbild beherrschten und die religiöse und weltliche Seite jedes Bürger-Untertanen untereinander aufteilten. Inzwischen sind sie zu Anachronismen geworden, die von der modernen Gesellschaft als Zeugnisse von historischem und ästhetischem Wert geschätzt werden. Wenn das Heiligtum dort ist, wo Leben ist, dann ist der gesamte Lebensraum heilig. Tempel und Paläste sind nur Punkte, an denen die Macht des Heiligen und des Weltlichen konzentriert und sichtbar gemacht wird.

Für eine «Demokratie der Vortrefflichkeit» kann das Ziel nicht darin liegen, die Dinge auf einen gemeinsamen Nenner herabzuziehen, vielmehr muß versucht werden, sie zu einem gemeinsamen Wert zu erheben. Die Stadt ist Produzent und Markt, aber sie ist auch Tempel und Palast, und der Bürger ist ein geweihter Träger von Gut-Sein und zukünftiger Gnade. Arcosanti zu bauen sollte bedeuten, Kirche und Palast in einem zu bauen. Hier hoffe ich wieder, daß die physische Struktur von Arcosanti nicht nur das Instrument, sondern auch die Musik sein wird.

44

NATUR UND NEONATUR

Wenn es Mode wird, den Menschen schlechtzumachen und die von seiner Gegenwart befreite Natur zu preisen, dann beleidigen wir Mensch und Natur zugleich. Wir sind Teil der Natur, doch streben wir nach Dingen, welche die Natur noch nicht zu bieten hat: Gerechtigkeit, Erbarmen, das Wirken des Geistes. Die Technologie der Transzendenz besteht zum Teil aus den Handlungen des *Homo faber.* Wenn dazu die Notwendigkeit besteht, muß aus diesen Handlungen eine Neonatur erwachsen, die eine *göttliche Komponente* in den allerdings erstaunlichen Prozeß des evolvierenden Kosmos einführt.

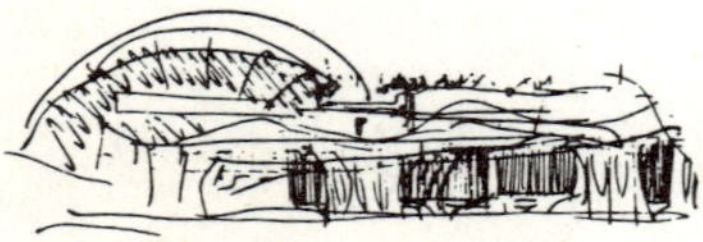

Der von Menschen gestaltete Lebensraum ist ein wesentlicher Teil einer solchen Neonatur. Ihn möglichst klein oder unauffällig zu gestalten, wäre scheinheilige Bescheidenheit. Seele und Geist bedürfen der Äußerung, nicht der Tarnung. Sind nicht die Pantheons und Chartres das in Stein festgehaltene Frohlocken einer vergeistigten Natur? Im Endeffekt werden selbst Kakerlaken und Maulwürfe davon profitieren (vom Entelechieprinzip). Was das Projekt anbelangt, so wird es in der Geologie des Wüstenhochlandes sehr deutlich sichtbar und leicht als Werk des «Homo faber» erkennbar sein.

45

ANTIZIPATION, PLANUNG UND UTOPIA

ANTIZIPATION ist eine kennzeichnende Eigenschaft des Geistes. Für den Geist ist es unbefriedigend, von Gegenwart zu Gegenwart voranzuschreiten, ohne einen Überblick darüber zu haben, was ihn erwarten könnte. Ob es uns gefällt oder nicht: Wir leben in der Zukunft. Biologisch (wie Pflanzen und Tiere) und geistig sind wir Futuristen.

PLANUNG ist die Strukturierung unserer Handlungen, die notwendig ist, um uns den Weg in die Zukunft offenzuhalten. Die Suppe, die ich mittags essen werde, ist das Ergebnis von «Suppe zum Mittagessen planen».

UTOPIA ist inzwischen zu einem naiven Szenario für eine perfekte Gesellschaft geworden. Unser Geist kann Utopia nur dann akzeptieren, wenn er ein vereinfachtes Modell der Wirklichkeit akzeptiert, in dem Güte, Liebe und Schönheit dem Menschen einfach zufallen. Utopia ist Leerheit in Reinkultur.

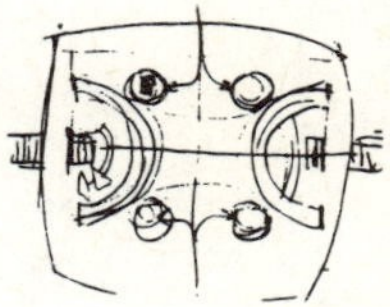

Das Labor und Utopia sind definitionsgemäß nicht miteinander zu vereinbaren. Utopia ist etwas abschließendes oder gar die Endgültigkeit selber. Das Labor besteht aus Umständen und Gelegenheiten, die sich aus dem immensen Fluß der Ereignisse ergeben, welche unmittelbar aus der Wirklichkeit entspringen. Das Projekt kommt nicht mit dem Anspruch daher, endgültig oder privilegiert zu sein, es ist nicht mit dem «Berufen-und-Auserwählt-Syndrom» behaftet. Wenn du Utopia willst, schlage einen Bogen um Arcosanti. Nichts dort wird dich befriedigen. Planung ja, Antizipation ja, Optimismus ja, Fehler ja, Utopia...? Was ist das? (Es ist die Wohnstatt des Nirgendwo.)

46

DIE STADT ALS SYMBOL

Während Utopia ein fruchtloses Unterfangen ist, schwingt Symbolismus immer dann mit, wenn Bewußtsein gedeiht. Symbolismus hat die Eigenart, machtvoll das ans Licht zu bringen, wovon die geistlosen Utopisten nur träumen. Wir können uns für ästhetische Schöpfung (Symbolismus) entscheiden oder aber für zerbrochene Träume (Utopia). Wenn Symbolismus versagt, so versagt er innerhalb wohlbestimmter Grenzen und hat immer noch etwas zu bieten; wenn aber Utopia herrscht, dann wird das Scheitern paradigmatisch. Utopia verzichtet auf Begrenzungen in einer Welt sich gegenseitig begrenzender Ereignisse und entlarvt damit die eigene Weltsicht als grundlegend falsch.

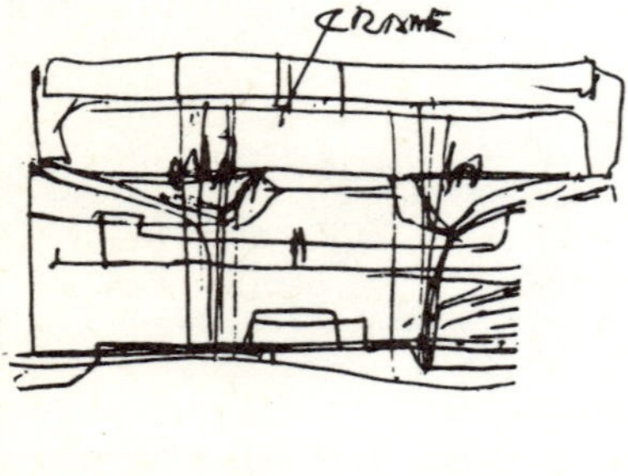

Ich bin grundsätzlich für Symbolismus, solange es sich dabei um Sinnbilder von etwas handelt, das sich noch weiterentwickeln kann. Dann nämlich ist Symbolismus Essenz und Inbegriff von «wirklichen Ereignissen». Er betont prozeßhaftes Geschehen und das «Werden», dem er entspringt. Auf solches Entspringen zähle ich; ein eschatologischer Schluß ist eine Vorstellung, die ich sehr schätze. Wenn Symbolismus ein stichhaltiger Ausdruck von Geist ist, muß das Symbol nach Anerkennung und Unvergeßlichkeit verlangen.

47

DER MANGEL AN VORTREFFLICHKEIT

Vortrefflichkeit ist definitionsgemäß etwas Ungewöhnliches. Es besteht deshalb immer ein Mangel an Vortrefflichkeit, egal wieviel es davon gibt. Es könnte sich als wichtig erweisen, Gruppen von *Nomaden der Vortrefflichkeit* zu begründen, also von Gelehrten und/oder Machern, die von einer Gemeinschaft zur nächsten reisen und Kostproben ihrer Vortrefflichkeit anbieten, um den Menschen einen Anreiz zu geben, ihnen nachzueifern.

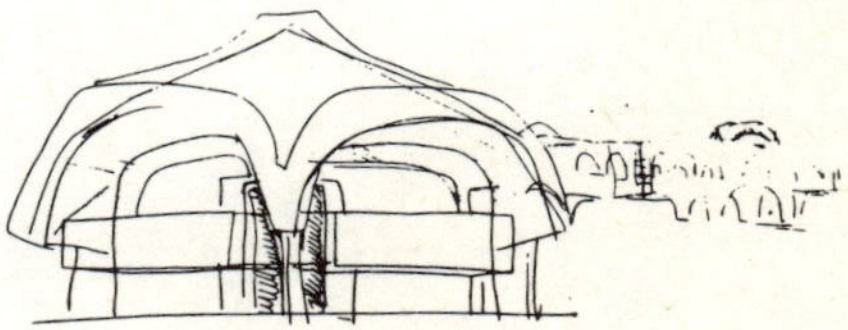

Dieses Problem ist durch Dezentralisierung verschärft worden. Da das Projekt Dezentralisierung befürwortet und auf eine Zivilisation hinarbeitet, welche mehr ist als nur ein Nebenprodukt mega-urbaner Strukturen, würde es gern Programme durchführen, aus denen solche Nomaden der Vortrefflichkeit auch zum Vorteil von Arcosanti selber hervorgehen könnten. Das Vorhaben, Wissen und Vortrefflichkeit auf Wanderschaft zu schicken, ist ein mindestens so ehrgeiziges Programm wie das Friedenskorps von Kennedy.

48

FORM, FUNKTION UND METAMORPHOSE

An der Wurzel des demokratischen Prozesses liegen Bedürfnisse, die nach Ausdruck verlangen und Macht, die in gerechter Weise ausgeübt werden muß, um diese Bedürfnisse zu befriedigen. Eine Form-Struktur wird also durch eine existierende Funktion (das Bedürfnis) definiert. Das ist abweichend von der *Praxis der Natur*. In der Natur entsteht Form-Struktur *aus dem Nichts,* beziehungsweise durch genetische Irrtümer. Solche Formen zwingen den Organismen neue Verhaltensweisen (Funktionen) auf. Die Funktion wird also bestimmt durch die Form, an deren Erzeugung sie beteiligt war oder auch nicht. Ich vermute, daß die Mischung dieser beiden Modi zum Treibstoff der Zukunft wird. Auch das Überleben der Demokratie wird bestimmt sein durch ihr Vermögen zur Metamorphose, ausgelöst durch solche Modi.

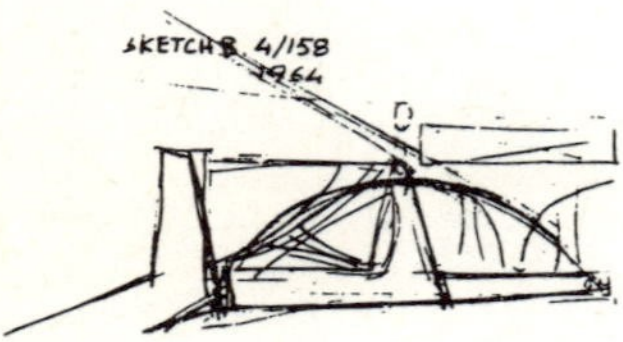

Die Form, die Arcosanti «auferlegt» wird, ist nur insofern eine Erfindung der Natur, als sie einem Programm (den 63 Themen dieses Buches) zu folgen versucht. Sie wird durch dieses aber nur zum Teil erklärt und gerechtfertigt. Hinzu kommen Elemente, die aus der kreativen Erfindungskraft des Autors stammen. Es ist also nicht so, daß die Form auf Biegen und Brechen von der Funktion bestimmt wird oder umgekehrt, sondern es werden wechselnde Anteile von beidem zu einer effektiven, nicht-sterilen Mischung verarbeitet. Die Qualität der sich daraus ergebenden Metamorphose wird der Maßstab für Erfolg oder Mißerfolg sein.

49

WIR KÖNNEN NUR ZUR ZUKUNFT REDEN

Die Entfernung zwischen zwei oder mehr Personen führt zwangsläufig dazu, daß Botschaften niemals das ursprünglich anvisierte Ziel erreichen. Statt dessen erreichen die Botschaften die Sinne des *Nachfolgers,* d.h. dich oder mich, wie wir *jetzt* sind, nicht wie wir vor zehn Sekunden, Stunden oder Jahren waren. Dies ist eine der Schwierigkeiten von Organismen, die in einer Raum-Zeit-Wirklichkeit leben: Sie empfangen nur *alte Informationen* und senden an jemanden, den es noch gar nicht gibt, während sie jemanden ansprechen wollen, der bereits nicht mehr existiert. In kosmischem Maßstab bedeutet das, daß wir eine Botschaft von einem Objekt empfangen, das (möglicherweise seit Äonen) nicht mehr existiert, und umgekehrt unsere Botschaften aussenden an Objekte, die erst in Äonen entstehen werden. So leiden oder erfreuen wir uns am Geist eines lange verschollenen Fossils, oder umgekehrt.

Da die Vergangenheit, wie wir, den Lauf der Zeit nicht überwinden kann und wir wenig Freude an der Vorstellung einer zyklischen Wiederkehr hätten, bleibt uns nur die Arbeit am «Aufbau der Zukunft». Diesem widmen wir uns nicht ohne ein gewisses Maß an Nostalgie für die Dinge, welche der Lauf der Zeit uns unerbittlich entführt, da wir als lebende Wesen ganz dem Werden unterworfen sind. Darüber zu klagen, wäre nicht angebracht. Vielmehr müssen wir uns bewußt sein, daß das Raum-Zeit-Getöse aus der von uns selbst erzeugten Raum-Zeit-Struktur ertönt. Arcosanti «baut die Zukunft» und ist damit eine von vielen derartigen Aktionen auf der ganzen Welt.

50

INDIVIDUALISMUS UND GESELLSCHAFT

Jede Eschatologie, die ihren Namen wert ist, muß eine Struktur von unzweideutiger Unparteilichkeit aufweisen. Unter welchem Etikett oder Slogan sie auch immer auftreten mag, eine Sache muß klar sein: Ein Individuum, das die Gesellschaft verleugnet, hat seinen Platz ganz unten auf der Wertskala, ebenso wie eine Gesellschaft, die das Individuum verleugnet. Darüber sollten Kapitalismus und Kommunismus sich einmal kräftig streiten. Beide sind extrem wirklichkeitsfremd. Wir neigen jedoch leider mit einer gewissen Monomanie dazu, sie ernst zu nehmen, was katastrophale Konsequenzen hat.

Bislang sind diese Überlegungen im Projekt nur ansatzweise in die Praxis umgesetzt. Solange wir im Modus des Labors operieren, können wir nur eine Vorstufe der Antwort auf das Dilemma «Individuum oder Gesellschaft» geben. Das Instrument muß sozial «sympathisch» sein (es muß sowohl Individuen als auch Gesellschaft umfassen), wie die Musik ein Zusammentreffen individueller Stimmen sein sollte, die sich zu einem Chor der Vortrefflichkeit vereinen.

51

NEOASKESE ODER TECHNOKRATIE

Was die Menschheit am dringendsten benötigt, ist ein wiedergefundener (oder neu gefundener) Sinn für das Wunder der Wirklichkeit, der dann zur Grundlage von konstruktiven, gerechten und ästhetisch ansprechenden Handlungen wird. Die materialistische Erfahrung legt nahe, daß ein solcher Entwicklungsschritt ein Schritt in die Transzendenz wäre: die Befreiung des Materiellen in das Mentale hinein. Zu diesem Zweck könnte durch neoasketische Unternehmungen ein Gegengewicht für technokratische Exzesse geschaffen werden. So könnten die Ungerechtigkeit auf Erden vermindert und gleichzeitig die Gefühle für Körper und Geist aktiviert werden.

Ich bin ein hartnäckiger Skeptiker, habe aber starkes Interesse an einem Dialog mit «professionellen» Gläubigen. Da wir für Technologie eintreten, also für ein gewisses Maß an «Materialismus», braucht das Projekt als Ausgleich auch asketische Seinsweisen aus West und Ost. Tradition, Gelehrtheit, intellektuelle Strenge, Demut, Genügsamkeit, Altruismus, Selbstdisziplin und Transzendenz sind Dinge, die man nicht so einfach abtun sollte. Das weltliche und das religiöse Erleben können durch die Nähe des jeweils anderen nur gewinnen.

52

PIONIERE UND SIEDLER ODER DAS WELTRAUMDILEMMA

Eine technokratische Explosion ins All ist eine schreckliche Vorstellung. Bedenkt man außerdem, daß sich im Weltraum mit großer Wahrscheinlichkeit genetische Unterschiede herausbilden werden, dann wird deutlich, daß wir alles an Mitgefühl und Weisheit brauchen werden, was wir irgend aufbringen können. Ganz dringend brauchen wir das Wissen und die Liebe, die uns immer noch fehlen. Eine neoasketische Lebensweise könnte für den Aufbruch ins All besonders geeignet sein. Eine Askese, befreit von ihrer Neigung zu Intoleranz, Bigotterie und Idolatrie. – Wann?

Da das Projekt sich auf einen begrenzten Lebensraum beschränkt, werden sich daraus Erkenntnisse und Informationen ergeben, die für jedes Programm der bemannten Raumfahrt von Nutzen sein könnten. Dies ist eine frappierende Verwandtschaft innerhalb des Komplexität-Miniaturisierung-Dauer-Paradigmas (in bezug auf gegenseitige Abhängigkeit, Synergie, Effektivität, Genügsamkeit, Kohärenz, Integration und Recycling); außerdem kann dadurch in der menschlichen Gemeinschaft das Erlebnis von Gerechtigkeit und Großzügigkeit herbeigeführt werden.

53

DAS DILEMMA: ERBGUT ODER SOZIALISATION

Die Wissenschaft entwickelt seit einiger Zeit Mittel zur genetischen Manipulation. Es scheint notwendiger denn je, eine gründliche Klärung der Frage herbeizuführen, in welchem Maße Erbanlagen bzw. Umwelt für die Prägung individueller Eigenschaften verantwortlich sind. Fehlt uns dieses Wissen, so könnten wir ungewollt russisches Roulette mit dem Leben unserer eigenen Nachkommen spielen, ebenso wie wir es jetzt schon mit dem Leben der Angehörigen bedrohter Völker und unserem eigenen tun. Dies geschieht, weil dasselbe, begrenzte Verständnis unseres Wesens durch ökonomisch-politische Prozesse wirksam wird, die durch Nationalismus und andere reptilienhafte Relikte bestens geschützt werden.

Eines der Programme des Projektes besteht darin, Indianerstämmen und allen nichtseßhaften Bevölkerungsgruppen einige der in Arcosanti angewandten Richtlinien anzubieten. Es kann jedoch sein, daß dies nicht auf sinnvolle Art möglich ist, bis wir mehr über die Auswirkungen von Erbgut bzw. Umwelt wissen. Als einen Schritt zum Erwerb solchen Wissens bieten wir an, eine Anzahl Neugeborener aus verschieden Rassen zu adoptieren und sie in der gleichen Umwelt aufwachsen zu lassen. Dabei würden rassisch-genetische Unterschiede sichtbar werden, falls es sie gibt.

DIE VERBINDUNG ZUM KOSMOS

Unser Dasein ist ständig konfrontiert mit dem Winzigen und dem unermeßlich Großen. Eine Gesellschaft von Astronomen wäre, zumindest theoretisch, besser in der Lage, die Ausmaße unseres existentiellen Dilemmas abzuschätzen, was zu mehr Toleranz und Großzügigkeit führen könnte. Wenn dieser Effekt sich auf natürliche Weise durch die ganze Schöpfung fortpflanzen würde, könnte es dazu kommen, daß viele menschliche Taten, zu denen wir uns bislang noch zwingen müssen, ohne gesetzlichen Zwang ablaufen würden.

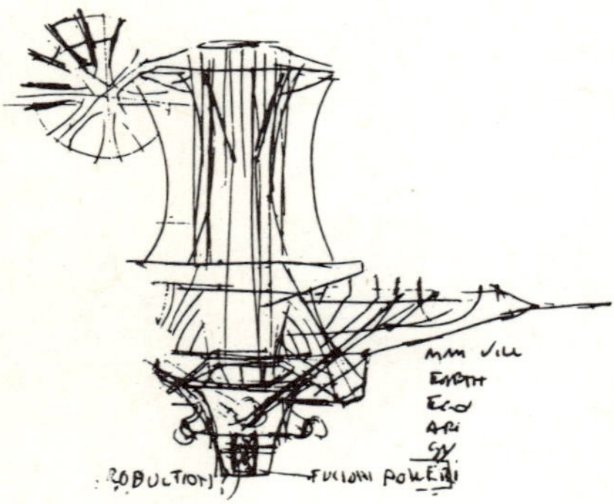

Engstirnigkeit sollte man nicht mit Samthandschuhen anfassen. Sie ist sowohl ein Segen als auch ein Fluch. Wenn wir uns unsere unendliche Winzigkeit vergegenwärtigen, welche die enormen Kräfte des Geistes birgt, dann wirkt das immunisierend gegen negative Engstirnigkeit. Wir streben deshalb dahin, eine Umgebung zu entwickeln, deren Strukturen so beschaffen sind, daß astronomische Sensitivität zu einer allgemeinen Eigenschaft wird.

55

VERWANDLUNGSRITEN IN DER NAHRUNGSKETTE

Zwei Riten berühren uns direkt. Der erste, zu dessen Herausbildung zwei bis drei Millionen Jahre nötig waren, besteht in der Definition von Reflexion innerhalb des Organismus – das Wissen vom Wissen. Der zweite besteht in der Möglichkeit, Reflexion in anorganische Strukturen zu transferieren, und zwar unter Umgehung des Organismus, des Fleisches. Dies sind zwei Ereignisse von enormer Tragweite, von denen eines bereits eingetroffen, das andere noch hypothetisch ist. Sie sind die potentiellen Verwandler des Kosmos in Richtung Geist.

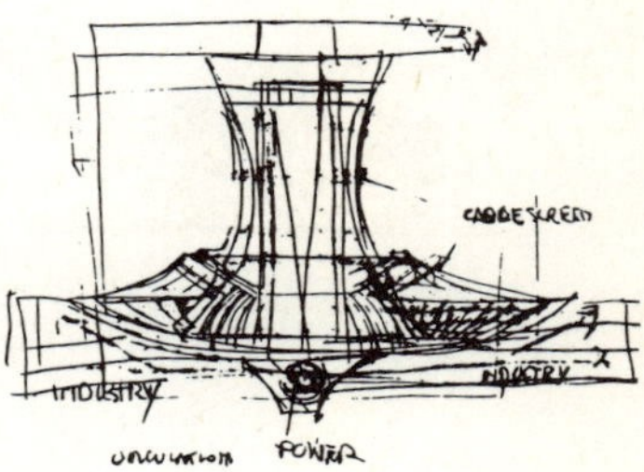

Der urbane Effekt als universelles Ereignis ist die Zentralfigur des Dramas, denn alle Organismen sind triumphale Demonstrationen des urbanen Effektes. Ohne ihn gäbe es keinen Geist, der diese Dinge denken könnte. Da Arcosanti für den urbanen Effekt eintritt, ist das Projekt intensiv beteiligt an solcher «Arbeit» und letztlich auch am Wunder der «Silikon-Intelligenz».

56

IST THEOLOGIE EINE TECHNOLOGIE DER TRANSZENDENZ?

Obwohl wir uns durch die Vorstellung in die Irre führen lassen, daß Technologie eine minderwertige Kundgebung des *Homo mentis* sei, bleibt doch die Tatsache bestehen, daß *techne* die Art und Weise ist, wie wir Mittel verarbeiten, um Zwecke zu erreichen. Mehr wird nicht gebraucht, um Mineralien in Geist zu verwandeln, sei es über das Fleisch oder durch «nichtfleischliche Techniken». Die von uns entwickelte Technologie ist ein junger, vereinfachender, barbarischer, aber vielversprechender Ableger der Biotechnologie. Das *Jenseits* ist der Bereich einer heiligen Technologie, deren erste Ansätze wir vielleicht gerade jetzt hervorbringen.

In der Debatte über «Technologie oder Menschlichkeit» stellt sich das Projekt auf den Standpunkt, daß überhaupt kein Widerspruch zwischen den beiden Seiten besteht. Hier taucht die neoasketische Idee wieder auf, und sie ist verbunden, wenn nicht sogar identisch mit Technologie. Die «techne» des Schaffens von Anmut und Schönheit stellt die höchsten Anforderungen. Arcosanti könnte einen winzigen Beitrag dazu leisten, indem es die «paradoxe» Idee am Leben erhält, daß der Geist die Materie durch unermeßlich subtile «Technologien» formt.

57

RELIGIOSITÄT ODER RELIGION – GLAUBE ODER INTOLERANZ

Wie jede Idolatrie ist auch die Idolatrie der Technologie ein Verrat. Religiöse Idolatrie hat sich gegenüber dem Leben in einer Weise verhalten, die wie eine absichtliche Mißhandlung durch eine bösartige Macht anmutet. Man könnte gute Gründe dafür anführen, daß überhaupt keine Religion zu haben besser wäre als der religiöse Fanatismus, den Religionen im Menschen immer wieder hervorrufen. Der erste Grundsatz der Religiosität sollte darin bestehen, daß all die von uns erfundenen Götter nicht so wichtig sind wie das Leiden der Kreatur.

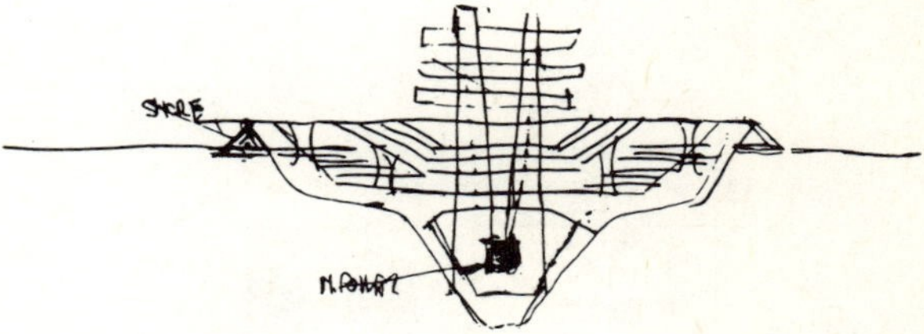

Dies schafft eine Verbindung zwischen Nahrungskette, Evolution, urbanem Effekt und Raum-Zeit. Der Dialog Neoaskese-Arcosanti könnte dazu wiederum einen kleinen Beitrag leisten, indem er die Frage aufwirft, wie die Wirklichkeit so viel Anmut und Schönheit mit soviel Leiden und Schrecken verbinden kann. Damit dies möglich wird, sollte ein großer Teil der durch Wohlhabenheit bewirkten Abschirmung wegfallen und ersetzt werden durch die Wahrnehmung von Tragik und Schönheit des Lebens.

58

VERSTECKTE UND OFFENE GEWALT

In einer Wirklichkeit, die über eine Nahrungskette aufgebaut ist, muß Gewalt endemisch sein – friß oder werde gefressen. Der Geist betrachtet dies mit stetig wachsender Qual, kann aber wenig dagegen tun. Furcht, Gier und Machtstreben, die starken Antriebskräfte der Geschichte, üben versteckte und offene Gewalt aus gegen alles, was nicht das eigene Ich (Ego) ist. Es wird Äonen dauern, bis Wissen, Mitgefühl und Gnade mächtiger werden als diese drei, aber das ist die einzige Hoffnung für einen geisterfüllten Kosmos.

Wie unbedeutend Arcosanti auch in diesem Konflikt zwischen Materie, Abstammung und Geist ist; Nachkommenschaft bedarf keiner Betonung. Doch wenn die Voraussetzung für positive Entwicklungen darin liegt, Selbsttäuschung zu vermeiden, dann muß Arcosanti seinen «Anti-Schnellreparatur-Modus» beibehalten; dies ist nämlich ein Zeichen intellektueller Integrität und ein Aspekt der kategorischen Forderung nach einer zwar fernliegenden, doch unvermeidbaren Gerechtigkeit.

59
NAIVITÄT, OPTIMISMUS, ZYNISMUS UND APOKALYPSE

Der Anblick von erwachsenen Menschen, die begrenzte Atomkriege planen und diskutieren, ist ungemein obszön. Da wird sichtbar, daß selbst geniale Köpfe zu den wildesten Selbsttäuschungen fähig sind. *Dementia mentis* ist stets bereit, einer herrlichen, doch ohnehin schon mit unbeschreiblichem Leiden durchsetzten Welt noch eine bösartige, surrealistische Komponente hinzuzufügen.

Das Projekt Arcosanti ist «Beton-Optimismus». Es beruht auf dem Glauben, daß es eine wunderbar bejahende Zukunft geben kann. Wir wären jedoch ruchlose Narren, wenn wir nicht zur Kenntnis nähmen, welche barbarischen Planungen unsere Politiker und Strategen durchführen. Doch dürfen wir nicht vergessen, daß w i r *wählen – das heißt, wir verändern die Realität in erster Linie durch unsere Lebensweise, Augenblick für Augenblick.*

60

GERECHTIGKEIT IN EINEM RAUM-ZEIT-BEZUGSSYSTEM

Mit dieser Überschrift wird die Vorstellung abgelehnt, daß sich Gerechtigkeit herstellen ließe, ohne daß diese ihr Echo in allen Bereichen der Wirklichkeit, insbesondere auch in der Vergangenheit findet, welche den größten Teil unserer Wirklichkeit ausmacht. Dieses Wirksamwerden in der Vergangenheit ist ein quasi-absurder Imperativ, aber dennoch unvermeidbar. Es ist unmöglich, den Greueln ein Ende zu setzen und unseren moralischen Ansprüchen gerecht zu werden, wenn wir in der unendlich abgesonderten Gegenwart bleiben und in ihr und (nur) für sie nach Mitgefühl und Gerechtigkeit zu streben (eine ungemein demokratische Vorstellung).

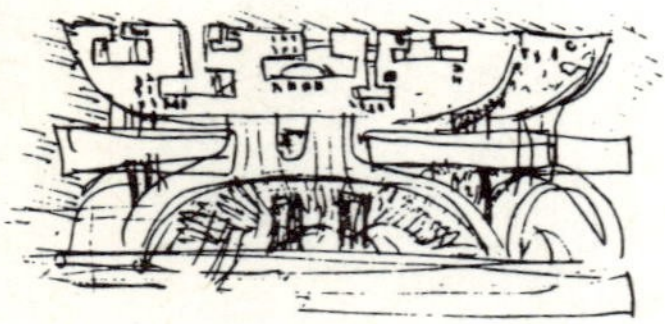

Dies ist tatsächlich der Schlüssel zur Natur und zum «Erfolg» von Arcosanti, oder besser gesagt, zu seiner Musik. Wenn es uns nicht gelingt, eine bessere Wahrnehmung unserer Verantwortung zu entwickeln, welche die ehrfurchtgebietende Größe der Wirklichkeit wiederspiegelt, dann wird unser Erfolg sich in Grenzen halten. Sollte dieses Unternehmen voraussetzen, daß unsere Begriffe von Gerechtigkeit und Göttlichkeit (und natürlich Demokratie) neu definiert werden, dann möge das geschehen.

61

IST ÄSTHETIK DIE ESSENZ DER WIRKLICHKEIT?

Wenn die Wirklichkeit eine Genese, ein sich selbst erschaffender Prozeß ist, dann ist es sinnvoll anzunehmen, daß ein solcher Prozeß auch sein eigenes Ziel erschafft. Weiterhin ist es durchaus vernünftig zu glauben, daß dieses Ziel gerecht und wohltätig sein könnte. In dem immensen Kontext einer Kosmogonie könnte man sich schließlich eine weitere Dimension vorstellen – Heiterkeit und Anmut, einen quälend langsamen Prozeß der Ästhetogenese, der den gesamten Kosmos umfaßt und verwandelt.

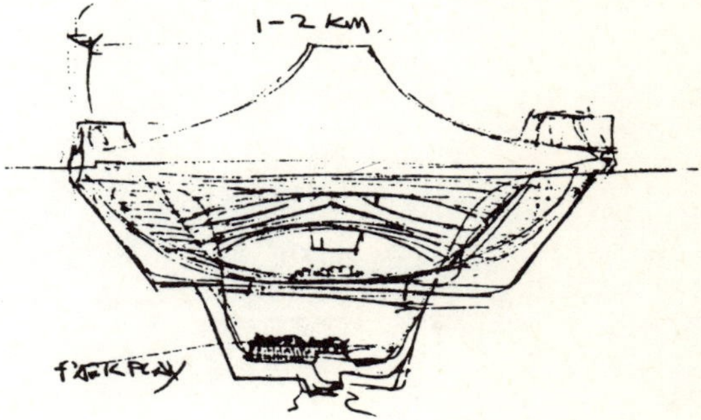

Genese ist ein richtungsorientierter Prozeß. In Anbetracht der ungeheuren Größe des Raum-Zeit-Kontinuums muß dieser Prozeß als eine quasi-endlose Ansammlung und Verschachtelung infinitesimaler «Einheiten» betrachtet werden, die zusammen mehr als die Summe ihrer Teile ergeben. Eine Zahl wie 10^{80} könnte die Menge der Teile veranschaulichen. Es ist eine zutiefst befriedigende Vorstellung, daß Arcosanti irgendwie zum Prozeß der Ästhetogenese beitragen könnte. Die Zeit, und nur sie allein, wird es zeigen.

62

DER URBANE EFFEKT

All diese Themen stehen unter der Ägide dessen, was ich als urbanen Effekt bezeichne. Der urbane Effekt im allgemeinen Sinne besteht in der Verwandlung von mineralischer Materie in Geist mittels der potentiell unbegrenzten Kraft von Komplexifizierung und Miniaturisierung. In dieser Weise folgen die Organismen einander – einzeln, zusammengesetzt, assoziativ. In eschatologischer Sprechweise könnte die letzte Grenze dieses Prozesses in einer vollendeten Ästhetogenese bestehen, in der Verwandlung zu einem Kosmischen Samen.

Für Arcosanti besteht hier wieder die Möglichkeit eines infinitesimalen Beitrages zu einem Prozeß, dessen Macht und Reichweite potentiell grenzenlos ist – die Belebung der Realität, des immensen Raum-Zeit-, Masse-Energie-Phänomens, von dem wir ein Teil sind. Organismen sind mit einer derartigen Macht aufgeladen. Sie ist in ihrem grenzenlosen Verlangen nach dem Absoluten gespeichert.

63

GEWALT UND URBANER EFFEKT

Folgende Fakten widerlegen die Behauptung, daß Bevölkerungszusammenballung notwendigerweise zu Gewalt führen muß:

1. Hohe Bevölkerungsdichte ruft keine Gewalt hervor. Antisoziales, verantwortungsloses Verhalten führt zu Gewalt. Städte wie London, Tokio, Moskau, Kalkutta und tausend andere bestätigen das. Nur eine schießwütige Gesellschaft kann sich so weit selbst betrügen, daß sie Ursache und Wirkung verwechselt.

2. Wichtiger noch ist folgendes: Konflikt ist ein Aspekt des Lebens, und Leben besteht definitionsgemäß aus Zusammenballungen. Leben bringt deshalb notwendigerweise eine gewisse Menge an Gewalt mit sich.

In jeder ereignisreichen Umgebung (zum Beispiel einem Dorf) gibt es also immer auch Gewalt. In einer zehnmal so ereignisreichen Umgebung (zum Beispiel einer Stadt) sollte man dementsprechend zehnmal soviel Gewalt erwarten. *Erstaunlicherweise ist dem aber nicht so.* Der urbane Effekt erweist sich überraschenderweise im Mittel als *wohltätig.*

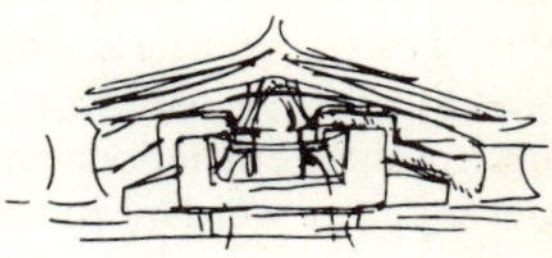

Daß Arcosanti bislang noch nicht mit Gewalt in Berührung gekommen ist, bietet noch keine Gewähr für eine gewaltfreie Zukunft. Tatsächlich halte ich auch in diesem Falle Kleinheit für ein Handicap. Man bedenke, daß die gewaltträchtigste aller Umgebungen gleichzeitig die kleinste ist, nämlich die Wohnung.

DER GEWALTVERZICHTS-AUSWEIS

Da die Abschaffung von «Gewalt» eine notwendige Voraussetzung für jedes wahrhaft konstruktive Bemühen ist, scheint es mir angebracht zu sein, diesem Buch eine Stellungnahme zur Gewaltlosigkeit beizugeben. «Gewalt» steht hier in Anführungszeichen, um zu qualifizieren, was man lieber nicht qualifizieren sollte. Aufgrund der Natur des Werdens (also der Nahrungskette) ist Gewalt jedoch nicht nur ein örtliches Phänomen, sondern funktionell, also zweckmäßig. Man denke nur an das Hähnchen, den Lachs oder an den Salat auf dem Eßtisch. Die Stellungnahme sollte in nützlicher Form vorhanden sein, deshalb schlage ich eine Karte vor, welche von einer geeigneten internationalen Organisation eingeführt werden sollte. Der Text der vorgeschlagenen Karte ist: 1. nicht-religiös; 2. auf das Wesentliche beschränkt; 3. leicht auswendig zu lernen.

Die Karte selbst kann wie eine Kreditkarte aufbewahrt werden und ist ein persönliches Dokument wie ein Ausweis, Führerschein oder die Kreditkarte.

Wir können Dokumente nicht einfach abschaffen. Sie personifizieren, verleihen Legitimität und können gelegentlich wie ein Schutzschild für ihre Träger wirken. Wird man Botschafter für die eigene Menschenwürde, so ist bereits ein wichtiger Schritt zur Anerkennung der Menschenwürde überhaupt getan; außerdem schützt dies andere ebenso wie einen selbst. Schlechtes Gewissen und Schuldgefühle, entstanden aus der Mißachtung der Menschenwürde anderer, werden zu einer unerträglichen Last, wenn man durch die Karte immer wieder daran erinnert wird. Die Gewalttat wird zum Gift für den Täter, der sie deshalb zu vermeiden sucht. Wir müssen uns sagen, daß die Karte uns zum Träger des Weltgewissens macht, und daß wir uns dessen würdig erweisen wollen.

Wenn von den Gefangenen, Geschlagenen, Gefolterten, Ermordeten, wenn von allen Ausgestoßenen der Welt dieselbe Mahnung kommt, dann wird das nicht ohne Wirkung bleiben. Die Idee, das Weltgewissen durch eine «Kreditkarte» greifbar zu machen, mag naiv sein, doch sie ist nicht ohne Verdienst. Dies ist der Paß für die Reise in eine nicht-gewalttätige Welt.

Ich, ____________________
ein Mensch, erkläre hiermit ohne innere Vorbehalte, nach dem Grundsatz zu leben, daß zu keiner Zeit und an keinem Ort von irgendeiner Person oder Gruppe körperliche oder seelische Gewalt gegen Individuen ausgeübt werden soll.
Unterschrift:

Diese Karte proklamiert die PERSÖNLICHE MENSCHENWÜRDE DES INDIVIDUUMS zum Zwecke der weltweiten Abschaffung von Gewalt. Wir hoffen, daß Sie diese Karte unterzeichnen und stets mit sich führen als Zeichen Ihres Engagements für die Abschaffung von Gewalt und als eindringliche Mahnung für potentielle Verfolger.

NACHWORT

ARCOSANTI ALS NEOASKETISCHER LEBENSRAUM

In der Fortführung der besten Aspekte asketischer Tradition ist Arcosanti weniger ein Ort für die Selbstdarstellung junger Menschen als vielmehr eine Stätte, an der innerhalb eines andersartig strukturierten Lebensraumes Selbstdisziplin und Engagement entwickelt und ausgelebt werden können.

Als Erzeuger einer solchen Struktur steuere ich nach besten Kräften den Implementationsprozeß und autorisiere Entwicklung und Management von Arcosanti.

Paolo Soleri

Felix Weber

Die schnellen Ja/Nein Sager

Über Dasein und Tätigkeit der Computer

160 Seiten, broschiert, illustriert

Fast-alles-Wisser. Großer Bruder. Erfolgs-Generator. Job-Killer. Problem-Zertrümmerer. – Was für Bezeichnungen hat man sich für den Computer nicht schon einfallen lassen! Doch wie funktionieren diese Wunderwerke der modernen Elektronik eigentlich? Muß das ein Geheimwissen weniger Eingeweihter bleiben? Dieses Taschenbuch zeigt, daß man das Wesen (und auch das Unwesen) der Computer durchaus verständlich erklären kann, und zwar nicht nur den High-Tech-Freaks, sondern auch «elektronisch unbelasteten» Leuten.

SPHINX